# 美味川菜

孔阳 编著

团结出版社
UNITY PRESS

**图书在版编目（ＣＩＰ）数据**

美味川菜 / 孔阳编著 . -- 北京：团结出版社，
2014.10（2021.1 重印）
ISBN 978-7-5126-2310-1

Ⅰ . ①美… Ⅱ . ①孔… Ⅲ . ①川菜－菜谱 Ⅳ .
① TS972.182.71

中国版本图书馆 CIP 数据核字 (2013) 第 302491 号

出　　版：团结出版社
　　　　　（北京市东城区东皇城根南街 84 号　　邮编：100006）
电　　话：（010）65228880　65244790（出版社）
　　　　　（010）65238766　85113874 65133603（发行部）
　　　　　（010）65133603（邮购）
网　　址：http://www.tjpress.com
E－ma i l：65244790@163.com（出版社）
　　　　　fx65133603@163.com（发行部邮购）
经　　销：全国新华书店
排　　版：腾飞文化
图片提供：郝吉和　黄　勇
印　　刷：三河市天润建兴印务有限公司

开　　本：700×1000 毫米　1 /16
印　　张：11
印　　数：5000
字　　数：90 千字
版　　次：2014 年 10 月第 1 版
印　　次：2021 年 1 月第 4 次印刷

书　　号：978-7-5126-2310-1
定　　价：45.00 元

　　中国的饮食文化源远流长，在古时，我们的先人就已懂得了各种菜肴的用料配置、营养价值及保健作用。此后数千年来，这方面的实践与经验代代积累，成为华夏文化宝库里的一笔独步世界的丰厚财富。

　　四川菜，作为我国八大菜系之一，自古以来就备受人们喜爱，素有"一菜一格，百菜百味"的美誉。如今川菜美食更是以其锐不可当的势头，冲击着其他菜系的光芒，正因如此，各式各样、五花八门、良莠不齐的川菜美食食谱便铺天盖地砸下来，一度给川菜的光彩蒙上了阴影。

　　在这种背景下，我们精心编写了这本《美味川菜》。本书秉承川蜀传统美食理念，从寻常百姓的角度，在风格各异、味道万千的川菜馆里，为您挑选出最受欢迎的菜式。每一道菜都从原料配制、口味特色、操作步骤上严格规范、精心编选，力求使收录本书的菜肴更加具有川菜的代表性。

 美味川菜

具体菜品制作从畜肉到禽蛋、从水产到蔬菜再到风味小吃——详细介绍，图文并茂、具体细致、一目了然。本书不仅使您从美食中品味川菜的醇香，更能在操作上体味川菜的烹饪精华，让您在家也能做出一桌媲美川菜馆的美味盛宴，让家庭温馨的小厨房，也飘出川菜那令人垂涎欲滴的味道。

川菜的美味，川菜的文化，川菜的诱惑，都将在本书中为您展现，希望您能在本书中找到属于自己的菜品，也希望本书能为您排忧解难。

**前言**

菜文化

目录

Contents

 香 鲜肉荤

 目录

 Contents

## 营 养禽蛋

*Contents*

 鲜 美水产

## 爽 口菌蔬

*Contents*

## 特色小吃

川菜文化

# 川菜发展历史

　　川菜系是一个历史悠久的菜系，其发源地是古代的巴国和蜀国。据《华阳国志》记载，巴国"土植五谷，牲具六畜"，并出产鱼盐和茶蜜；蜀国则"山林泽鱼，园囿瓜果，四代节熟，靡不有焉"。当时巴国和蜀国的调味品已有卤水、岩盐、川椒、"阳朴之姜"。在战国时期墓地出土文物中，已有各种青铜器和陶器食具，川菜的萌芽可见一斑。川菜系的形成，大致在秦始皇统一中国到三国鼎立之间。当时四川政治、经济、文化中心逐渐移向成都。其时，无论烹饪原料的取材，还是调味品的使用，以及刀工、火候的要求和专业烹饪水平，均已初具规模，已有菜系的雏形。秦惠王和秦始皇先后两次大量移民蜀中，同时也带来中原地区先进的生产技术，这对发展生产有巨大的推动和促进作用。秦代为蜀中的发展奠定了良好的经济基础，到了汉代更加富庶。张骞出使西域，引进胡瓜、胡豆、胡桃、大豆、大蒜等品种，又增加了川菜的烹饪原料和调料。

西汉时国家统一，官办、私营的商业都比较发达，以长安为中心的五大商业城市出现，其中就有成都。三国时魏、蜀、吴鼎立，刘备以四川为"蜀都"。虽然在全国范围内处于分裂状态，但蜀中相对稳定，为商业，包括饮食业的发展，创造了良好的条件，使川菜系在形成初期，便有了坚实的基础。

烹饪业的进步和发展，使蜀中的专业食店、酒肆增多。"文君当垆，相如涤器"，就是进步和变化的佐证。这时专业烹饪人员增多，烹饪技术突飞猛进，更重要的是聚居于城市的达官显宦、豪商巨富、名流雅士越来越讲究吃喝享受。他们对菜的式样、口味要求更高，对川菜的形成和发展起了很大的推动作用。当时川菜特别重视鱼和

肉的烹制。曹操在《四时食制》中，特别记有"郫县子鱼，黄鳞赤尾，出稻田，可以为酱"；黄鱼"大数百斤，骨软可食，出江阳、犍为。"其中还提到了"蒸鲇"，可见当时已有清蒸鲇鱼的菜式。西晋文学家左思在《蜀都赋》中对1500多年前川菜的烹饪技艺和宴席盛况描绘为："若其旧俗，终冬始春，吉日良辰，置酒高堂，以御嘉宾。"

诗仙、诗圣都和川菜有不解之缘。诗仙李白幼年随父迁居锦州隆昌（即现在的四川江油青莲乡），直至25岁才离川。在四川近20年生活中，他很爱吃当地名菜焖蒸鸭子。厨师宰鸭后，将鸭放入盛器内，加酒等各种调料，注入汤汁，用一大张浸湿的绵纸，封严盛器口，蒸烂后保持原汁原味，既香且嫩。天宝元年，李白受到唐玄宗的

召见，入京供奉翰林。他以年轻时食过的焖蒸鸭子为蓝本，用百年陈酿花雕、枸杞子、三七等蒸肥鸭献给玄宗。玄宗非常高兴，将此菜命名为"太白鸭"。诗圣杜甫长期居住四川草堂，在他《观打鱼歌》中吟出了关于"太白鸭"的赞美诗句。宋代川菜越过巴蜀境界，进入东都，为世人所知。

元、明、清建都北京后，随着入川官吏增多，大批北京厨师前往成都落户，从事饮食业，川菜又得到进一步发展，逐渐成为我国主要的地方菜系。明末清初，川菜用辣椒调味，使巴蜀时期就形成的"尚滋味"、"好香辛"的调味传统，得

到进一步发展。清乾隆年间，四川罗江著名文人李调元在其《函海·醒园录》中就系统地搜集了川菜的38种烹调方法，如炒、滑、爆、煸、熘、炝、炸、煮、烫、糁、煎、蒙、贴、酿、卷、蒸、烧、焖、炖、摊、煨、烩、焯、烤、烘、粘、氽、糟、醉、冲等，以及冷菜类的拌、卤、熏、腌、腊、冻、酱等。不论官府菜，还是市肆菜，都有许多名菜。清同治年间，成都北门外万福桥边有家小饭店，面带麻粒的陈姓女店主用嫩豆腐、牛肉末、辣椒、花椒、豆瓣酱等烹制的佳肴麻辣、鲜香，十分受人欢迎，这就是著名的"麻婆豆腐"，后来饭店

也改名为"陈麻婆豆腐店"。

　　清乾隆时期，宦游浙江的四川罗江人李化楠在做官的多年间，注意在闲暇时间收集家厨、主妇的烹饪经验。后来，他的儿子李调元将他收集的厨艺经验整理出来，刻版为食经书《醒园录》。《醒园录》对于促进江浙和四川烹调发展的意义非同寻常。

　　川菜以成都和重庆两地的菜肴为代表。所用的调味品既复杂多样，又富有特色，尤其是号称"三椒"的花椒、胡椒、辣椒，"三香"的葱、姜、蒜，醋，郫县豆瓣酱的使用频繁及数量之多，远非其他菜系能相比。特别是"鱼香""怪味"更是离不开这些调味品，如用代用品则味道要打折扣。川菜有"七滋八味"之说，"七滋"指甜、酸、麻、辣、苦、香、咸；"八味"即鱼香、酸辣、椒麻、怪味、麻辣、红油、姜汁、家常。其烹调方法有 38 种之多。在口味上，川菜特别讲究"一菜一格"，且色、香、味、形俱佳，故国际烹饪界有"食在中国，味在四川"之说。川菜名菜有灯影牛肉、樟茶鸭子、毛肚火锅、夫妻肺片、东坡墨鱼、清蒸江团等 300 多种。

# 川菜口味特点

　　我国"四大菜系"之一的川菜，风味独特，素有"一菜一格，百菜百味"之誉。而今川菜已经越洋过海，传到各国，风靡世界。

　　川菜调味的主要特点是多样化，同时又突出酸、辣、麻等主味。川菜的基本味型（单味）与其他菜系大同小异，只有10种而已。《四川名菜》一书载称："甜咸酸软脆麻辣苦鲜香，十味俱全，此川之正宗也。"川菜的特别之处在于巧用两种或两种以上的单一调味品调制成互有差异、各具特色的复合型调味品。

　　川菜拥有24种味型，是目前全国八大菜系里味型最丰富的菜系。所谓味型指的是用几种调味品调和而成的，具有各自不同本质特征的风味类别。川菜常用的这24种味型，互有差异，各具特色，反映了调味变化之精髓，并形成了川菜菜系的独特风格。下面我们就简单介绍一下这24种味型的特点。

## 麻辣味型

麻、辣、咸、鲜、烫兼备

　　辣椒之辣与川菜传统的麻味相结合，便形成了麻辣味厚、咸鲜而香的独特味型。就拿我们经

常吃的水煮鱼来说，川人好鱼，世人皆知，川菜以麻辣为特色，自然川人烹鱼，多以辣味出。"水煮鱼"从字面上看虽无辣字，但它却是川鱼辣吃的典型菜品，尽得川菜麻辣味之精髓。

麻辣味型的菜肴在川菜中阵容最为强大，从传统川菜中的水煮牛肉、麻婆豆腐，到新派川菜中的水煮鱼、麻辣田螺、麻辣小龙虾等，无不是麻辣味型的代表，由花椒、干辣椒、四川豆瓣、姜、葱、蒜、盐、味精、料酒调制而成，其特点是麻辣鲜香，麻辣突出。花椒和辣椒的运用则因菜而异，好的厨师烹制麻辣味型的菜品，必要做到麻而不木、辣而不燥，辣中显鲜、辣中显味，辣有尽而味无穷。

## 酸辣味型

*醇酸微辣，咸鲜味浓*

酸辣味型是川菜中仅次于麻辣味型的主要味型之一，酸辣味型的菜肴绝不是辣椒唱主角，而是先在辣椒的辣和生姜的辣之间寻找一种平衡，再用醋、胡椒粉、味精这些解辣的作料去调和，使其形成醇酸微辣，咸鲜味浓的独特风味。调制酸辣味型的菜肴，一定要把握住以咸味为基础、酸味为主体、辣味助风味的原则，用料适度。

酸辣味型的菜肴以热菜居多，如鳝鱼粉丝煲、菠饺牛柳等都是醇酸微辣的风味，也有部分冷菜如酸辣蕨根粉等也是酸辣味的。

## 泡椒味型

*泡辣椒鲜香微辣，略带回甜*

泡椒味型近年来在新派川菜中蔚为大观，它将泡辣椒鲜香微辣、略带回甜的特点发挥到了极致，算是烹饪中四两拨千斤的典范。好的泡椒味香色正，根根硬朗，老而弥香，食之开胃生津，令人欲罢不能。

泡椒味型在冷热菜中应用广泛，常见的冷菜如什锦泡菜、泡椒凤爪等是将野山椒、花椒、白糖等作料放入特制的坛中，泡出一坛的鲜香醇厚；而泡椒牛蛙、泡椒鸭血、泡椒墨鱼仔、泡椒双脆、泡椒仔兔等泡椒系列的热菜多用醪糟汁、冰糖等料来调制，同样别有一番滋味。

## 怪味味型

*咸、甜、麻、辣、酸、鲜、香并重而协调*

因集众味于一体，各味平衡而又十分和谐，故以"怪"字褒其味妙。怪味味型多用于冷菜，以川盐、酱油、红油、花椒面、麻酱、白糖、醋、熟芝麻、香油、味精调制而成，也可加入姜米、蒜米、葱花，从而形成了咸、甜、麻、辣、酸、鲜、香并重而协调的特点。

调制怪味时，多种不同的调味品混在一起，必须注意比例搭配恰当，使各种味道之间互不压抑，相得益彰。怪味腰果就是川菜中怪味味型小吃的杰作之一。

## 煳辣味型

*香辣咸鲜，回味略甜*

煳辣味型的菜肴具有香辣咸鲜、回味略甜的特点。其辣香，是以干辣椒节在油锅里炸，使之成为煳辣壳而产生的味道，火候不到或火候过头都会影响其味。煳辣味型的菜都用炝炒一法，取辣椒的干香与煳辣，以大火把辣味炝入新鲜的原料中，这是把极度的枯焦与新鲜结合在一起，深得造化相克相生的妙趣。

传说中源于清末名臣丁宝桢的宫保鸡丁，即是将干辣椒和花生米炒入鸡丁里，形成了这一甜、酸、辣味混合，风格突出的川中名菜，并由此生发出许多以"宫保"为名的菜肴，如宫保豆腐等。

## 红油味型

*辣而不燥、香气醇和绵长*

有没有一锅辣味地道、辣香浓郁的红油辣子，是能否做出一品上好凉菜的关键。炼制红油，首先要讲究辣椒的质量，其次要讲究辣椒品种的搭配，使之兼有朝天椒的红润、二金条的香冽、小米椒的辣劲，最后的炼制，更要一分细腻和巧思。这样炼出的红油，入眼亮，入鼻香，入口之后，辣味才会层层叠叠。

红油味型即以此特制的红油与酱油、白糖、味精调制而成，部分地区加醋、蒜泥或香油，红油味型的辣味比麻辣味型的辣味轻，其色彩红丽、辣而不燥、香气醇和绵长。红油味型在冷菜中堪称一大家族，夫妻肺片、烤椒皮蛋、萝卜丝拌白肉、红杏鸡等都属于这一味型。

## 家常味型

*咸鲜微辣，或回味略甜，或回味略有醋香*

此味型以"家常"命名，乃取"居家常有"之意，其特点是咸鲜微辣，因菜式所需，或回味略甜，或回味略有醋香，在热菜中应用最为广泛。家常味型的菜肴一般以郫县豆瓣、川盐、酱油调制而成，也可酌量加元红豆瓣或泡红辣椒、料酒、豆豉、甜酱及味精等。

回锅肉作为川菜中的第一品，就是经过千锤百炼之后，返璞归真，化繁为简的家常味型经典菜品。其令人闻之垂涎、视之开胃、食之迷情、思之回味的秘密，就在于"精细"二字，越简单的，就越要用心。

## 鱼香味型

*咸、甜、酸、辣兼备，姜、葱、蒜香气浓郁*

鱼香味型因源于四川民间独具特色的烹鱼调味方法而得名。烹制鱼香味的菜肴，要用蒜片或者蒜粒与泡椒、葱节、姜片在油中炒出香味，然后加入主料炒熟，再以酱油、醋、白糖、料酒、鸡精、精盐、水豆粉调制的汁入锅收芡，便可装盘成菜。

鱼香味的菜肴吃起来咸、甜、酸、辣兼备，姜、葱、蒜香气浓郁，传统川菜中"四大柱石"之一的鱼香肉丝即是鱼香味型菜肴的杰出代表。

## 荔枝味型

酸甜咸鲜，味似荔枝，酸甜适口

　　荔枝味型之名出自其味似荔枝，酸甜适口的特点，是以川盐、醋、白糖、酱油、味精、料酒调制，并取姜、葱、蒜的辛香气味烹制而成，多用于热菜。调制此味时，须有足够的咸味，在此基础上方能显示酸味和甜味，糖略少于醋，注意甜酸比例适度，姜、葱、蒜仅取其辛香气，用量不宜过重，以免喧宾夺主。

　　锅巴肉片是传统川菜中荔枝味型的代表，而菜根排骨则是新派川菜中荔枝味型的佼佼者，它是截选排骨中最精华的一段，借鉴粤菜的做法，在酸甜咸鲜中加入青红椒粒和葱粒的辛香。

## 咸鲜味型

本味鲜美，清新爽口，咸鲜清香

　　咸鲜清香的特点使咸鲜味型在冷热菜式中运用十分广泛，常以川盐、味精调制而成，因不同菜肴的风味需要，也可用酱油、白糖、香油及姜、盐、胡椒调制。调制时，须注意掌握咸味适度，突出鲜味，并努力保持蔬菜本身具有的清鲜味，白糖只起增鲜作用，须控制用量，不能露出甜味来，香油亦仅仅是为增香，须控制用量，勿使过头。

　　雀巢小炒皇以鲜鱿、鲜虾仁、海螺片、腰果等为原料，突出了原料的本味鲜美，清新爽口。另外，上汤时蔬、五彩云霄等都属咸鲜味型的菜肴。

## 甜香味型

纯甜而香，香甜可口，醇和柔美

　　甜香味型，顾名思义，其特点是纯甜而香，它以白糖或冰糖为主要调味品，因不同菜肴的风味需要，可佐以适量的食用香精，并辅以蜜玫瑰等各种蜜饯、樱桃等水果及果汁、桃仁等干果仁。甜香味型有蜜汁、糖粘、冰汁、撒糖等多种调制方法，无论使用哪种方法，均须掌握用糖分量，过头则伤。

　　冰汁杏淖，是冻粉熬化，加白糖、牛奶、杏汁熬至能清珠时冷冻，再将特制的糖水轻轻倒入，使杏冻浮起，其醇和柔美可与麻辣的刚烈相得益彰。

## 烟香味型

烟香突出，气味芳香，鲜美可口

烟香味型主要用于熏制以肉类为原料的菜肴，以稻草、柏枝、茶味、樟叶、花生壳、糠壳、锯木屑为熏制材料，利用其不完全燃烧时产生的浓烟，使腌渍上味的原料再吸收或粘附一种特殊香味，形成咸鲜醇浓、香味独特的风味特征。烟香味型广泛用于冷、热菜式，应根据不同菜肴风味的需要，选用不同的调味料和熏制材料。

豆腐干腊肉，是用上好的五花肉，以柏枝、茶叶、樟叶、花生壳等原料熏制成为腊肉，再配以精制的豆腐干烹制而成，气味芳香，鲜美可口。

## 椒麻味型

椒麻辛香，咸鲜适口

椒麻是川菜独有的风味，以川盐、花椒、小葱叶、酱油、冷鸡汤、味精、香油调制而成，花椒的麻香和小葱的清香相得益彰，清爽中不失辛辣，多用于冷菜，尤适宜于夏天。调制时须选用优质花椒，方能体现风味，花椒颗粒要加盐与葱叶一同用刀铡成茸状，令椒麻辛香味与咸鲜味结合在一起。

椒麻田鸡腿是将田鸡腿切块作为主料，并兼取花椒的辛香、小葱的清香和川盐的咸香，为佐餐下酒之上佳凉品。

## 蒜泥味型

蒜香清爽，开胃刺激

蒜泥味型的菜肴主要以蒜泥、红酱油、香油、味精、红油调制而成，在红油味的基础上重用蒜，有蒜在其中去生涩，添辛香，才能有口味中的起伏曲折。蒜泥入味，主要用于凉菜中，如萝卜丝拌白肉即是川菜中有名的小品。

做这类菜肴，其他调料一定不能太重，否则，压了蒜泥的香味，喧宾夺主，就是烹饪中的南辕北辙了。另外，做蒜泥凉菜，一定要现做现吃，蒜泥凉拌的菜肴，放久之后，不仅会失去鲜香，还会使蒜泥产生一种刺鼻的气味。所以，蒜泥味型的菜肴，都不能过夜。

## 五香味型

*浓香咸鲜，天然辛香*

所谓"五香"，乃是以数种香料烧煮食物的传统说法，其所用香料通常有山奈、八角、丁香、小茴香、甘草、砂仁、老蔻、肉桂、草果、花椒等，根据菜肴需要酌情选用，实际上远不止五种。

五香味型的特点是浓香咸鲜，以上述香料加盐、料酒、老姜、葱等，可腌渍食物、烹制或卤制各种冷、热菜肴，如五香牛肉等，利用天然香料的辛香味可使菜肴在咸鲜中更添几分香浓美味。

## 糖醋味型

*甜酸味浓，回味咸鲜*

糖醋味型是以糖、醋以主要调料，佐以川盐、酱油、味精、姜、葱、蒜调制而成，其特点是甜酸味浓，回味咸鲜，在冷、热菜式中应用也较为广泛，常见的菜肴有糖醋排骨等。调制时，须以适量的咸味为基础，重用糖、醋，以突出甜酸味。

糖醋味型与荔枝味型较为相近，其区别在于二者的糖醋比例不同，荔枝味是先酸后甜，而糖醋味则是先甜后酸，二者互有侧重，风格各异。

## 咸甜味型

*咸甜并重，兼有鲜香*

咸甜味型的特点是咸甜并重，兼有鲜香，多用于热菜，以川盐、白糖、胡椒粉、料酒调制而成。因不同菜肴的风味需要，可酌加姜、葱、花椒、冰糖、糖色、五香粉、醪糟汁、鸡油等。调制时，咸甜二味可有所侧重，或咸略重于甜，或甜略重于咸。

樱桃肉因色似樱桃而得名，是传统的咸甜口味菜品，因甜味压不住肉的腥气，故须用盐来起到去腥、增鲜、增甜的作用。

## 陈皮味型

*陈皮芳香，麻辣味厚，略有回甜。*

陈皮芳香，麻辣味厚，略有回甜，这便是陈皮味型的主要特点。它以陈皮、川盐、酱油、醋、花椒、干辣椒节、姜、葱、白糖、红油、醪糟汁、味精、香油调制而成。

陈皮味型多用于冷菜，如陈皮排骨等，它是利用陈皮的苦味，与麻椒、花椒相搭配，产生出一种特殊的复合香味，于是便形成了这一独特的味型。调制时，陈皮的用量不宜过多，过多则回味带苦，白糖、醪糟汁仅为增鲜，用量以略感回甜为度。

## 酱香味型

*酱香浓郁，咸鲜带甜*

酱香味型以酱香浓郁、咸鲜带甜为主要特色，多用于热菜，以甜酱、川盐、酱油、味精、香油调制而成，因不同菜肴风味的需要，可酌加白糖或胡椒面及姜、葱。调制时，须审视甜酱的质地、色泽、味道，并根据菜肴风味的特殊要求，决定其他调料的使用分量。

酱焖鱼丸即是一种典型的酱香味型菜肴，它是将鱼丸用甜面酱炒制而成，酱浓色厚，味美香醇。

## 姜汁味型

*姜味醇厚，咸鲜微辣*

姜汁味型是一种古老的味型，其特点是姜味醇厚，咸鲜微辣，广泛用于冷、热菜式。姜汁味型的菜肴以川盐、姜汁、酱油、味精、醋、香油调制而成，姜可开胃，而醋则有助消化、解油腻之作用。

调制红杏鸡等冷菜时，须在咸鲜味适口的基础上，重用姜、醋，突出姜、醋的味道。而在姜汁鸡等热菜的调制过程中，可根据不同菜肴风味的需要，酌加郫县豆瓣或辣椒油，且以不影响姜、醋味为前提。

## 麻酱味型

*咸鲜醇正，麻酱味浓*

　　麻酱味型多用于冷菜，以芝麻酱、香油、川盐、味精、浓鸡汁调制而成，少数菜品也酌加酱油或红油。调制时芝麻酱要先用香油调散，令芝麻酱的香味和香油的香味融合在一起，再用川盐、味精、浓鸡汁调和，便形成了这一芝麻酱香、咸鲜醇正的麻酱味型菜肴。

　　麻酱凤尾、麻酱鱼肚等传统名菜都是麻酱味型菜品的代表。

## 椒盐味型

*香麻而咸*

　　椒盐味型的特点是香麻而咸，多用于热菜，以川盐、花椒调制而成。调制时盐须炒干水分，舂为极细粉状，花椒须炕香，亦舂为细末。花椒末与盐按1:4的比例配制，现制现用，不宜久放，以防止其香味挥发，影响口感。

　　椒盐味型的菜肴也有很多，如椒盐虾、椒盐茄饼等。

## 香糟味型

*咸鲜醇香，略带回甜*

　　香糟味型的特点是醇香咸鲜而回甜，广泛用于热菜，也用于冷菜。它是以香糟汁或醪糟、川盐、味精、香油调制而成，因不同菜肴的风味需要，可酌加胡椒粉或花椒、冰糖及姜、葱。调制时，要突出香糟汁或醪糟汁的醇香。

　　其代表菜肴如香糟肉，是将肉片炸制后，再用香糟回锅炒出香味，使其兼有咸鲜与醇香，并略带回甜。

## 芥末味型

咸鲜酸香，芥末冲辣

咸鲜酸香、芥末冲辣是芥末味型的特点，夏秋季冷菜中较为常用，以川盐、醋、酱油、芥末、味精、香油调制而成。调制时，先将芥末用汤汁调散，密闭于盛器中，勿使泄气，放笼盖上或火旁，临用时方取出；酱油宜少用，以免影响菜品色泽。

芥末有油状、膏状、粉状三种形态，可制成芥末鸭掌、芥末肚丝等多种菜肴。

# 川菜必备调料

## 辣椒

川菜辣椒运用有干辣椒、辣椒粉和红油泡辣椒等。先说干辣椒，它是用新鲜辣椒晾晒而成的，外表鲜红色或红棕色，有光泽，内有籽。干辣椒气味特殊，辛辣如灼。川菜调味使用干辣椒的原则是辣而不死，辣而不燥。成都及其附近所产的二金条辣椒和威远的七星椒，属于此类品种，为辣椒中的上品。干辣椒可切节使用和磨粉使用。切节使用主要用于糊辣味型，如炝莲白、炝黄瓜等菜肴。使用辣椒粉常用的有两种办法，一是直接入菜，如川东地区制作宫保鸡丁就要用辣椒粉，让它起增色的作用。二是制成红油辣椒，做红油、麻辣等味型的调味品，广泛用于冷、热菜式，如红油笋片、红油皮扎丝、麻辣鸡、麻辣豆腐等菜肴。除干辣椒外，还有一种在川菜调味中起重要

作用的泡辣椒。它是用新鲜的红辣椒泡制而成的。由于在泡制过程中产生了乳酸，用于烹制菜肴，就会使菜肴具有独特的香气和味道，是川菜中烹鱼和烹制鱼香味菜肴的主要调味品。目前，广泛使用朝天椒、小米椒及米渣辣椒等，可以烹制出不少特色川菜。

## 花椒

四川所产的花椒颗粒最大，色红油润，味麻籽少，清香浓郁，为花椒中的上品。茂汶花椒普遍质量不错，汉源花椒则为花椒中的上品。作为调味品，川厨主要是用它的麻味和香气。麻味是花椒所含的挥发油产生的。川菜常用的麻辣、椒麻、烟香、五香、怪味、陈皮等味型，都有花椒的作用。花椒在调制川味中的运用十分广泛，既可整粒使用，也可磨成粉状，还可炼制成花椒油。整粒使用的花椒主要用于热菜，如毛肚火锅、炝绿豆芽等。花椒面在冷、热菜式中皆可使用，热菜如麻婆豆腐、水煮肉片，冷菜如椒麻鸡片、牛舌莴笋等。而花椒油则多用于冷菜。作为创新川菜的火锅，就大量使用花椒。

## 陈皮

陈皮亦称"橘皮"，使用成熟的橘子皮，阴干或晒干制成，表皮鲜橙红色、黄棕色或棕褐色，质脆，易折断，以皮薄而大，色红，香气浓郁者为佳。在川菜中，陈皮味型就是以陈皮为主要的调味品调制的菜品，是川菜常用的味型之一。陈皮在冷菜中运用广泛，如陈皮兔丁、陈皮牛肉、陈皮鸡等。此外，由于陈皮和山奈、八角、丁香、小茴香、桂皮、草果、老蔻、砂仁等原料一样，都有各自独特的芳香气，所以，它们都是调制五香味型的调味品，多用于烹制动物性原料和豆制品原料的菜肴，如五香牛肉、五香鳝段、五香豆腐干等，四季皆宜，佐酒下饭均可。

## 豆瓣

豆瓣主要有郫县豆瓣和金钩豆瓣两种，郫县豆瓣以鲜辣椒、上等蚕豆和面粉为原料酿制而成，以四川省郫县豆瓣厂生产的为佳。这种豆瓣色泽红褐、油润光亮、味鲜辣、瓣粒酥脆，并有浓烈的酱香和清香味。是烹制家常、麻辣等味型的主要调味品。烹制时，一般都要剁细使用，如豆瓣鱼、回锅肉、干煸鳝鱼等所用的郫县豆瓣，都是先剁细的。还有一种以蘸食为主的豆瓣，即以重庆酿造厂生产的金钩豆瓣酱为佳。它是以蚕豆为主，金钩（四川对于干虾仁的称呼）、香油等为辅酿制的。这种豆瓣酱呈深棕褐色，光亮油润，味鲜回甜，咸淡适口，略带辣味，酯香浓郁，是清炖牛肉汤、清炖牛尾汤等汤菜的最佳蘸料。此外，烹制火锅等，也离不开豆瓣，还可以用来调制酱料。

## 川盐

川盐在烹调上能定味、提鲜、解腻、去腥，是川菜烹调的必需品之一。盐有海盐、池盐、岩盐、井盐之分，主要成分为氯化钠。因来源和制法不同，所以质量也就各有差异。烹饪所用的盐，当然是以含氯化钠高，含氯化镁、硫酸镁等杂质低的为佳。川菜烹饪常用的盐是井盐，其氯化钠含量高达 99% 以上，味纯正，无苦涩味，色白，结晶体小，疏松不结块。其中以四川自贡所生产的井盐为盐中最理想的调味品。

## 芥末

　　芥末即芥子研成的末。芥子形圆，深黄色或棕黄色，少数呈红棕色。其干燥品无味，研碎湿润后，发出浓烈的特殊气味。芥子味辛辣，并有强烈的刺激作用。芥子以籽粒饱满，大小均匀，黄色或红棕色为佳，研成末后多用于冷菜，荤素原料皆可使用。如芥末嫩肚丝、芥末鸭掌、芥末白菜等，均是夏秋季节的佐酒佳肴。目前，川菜中也常用成品的芥末酱、芥末膏，使用方便。

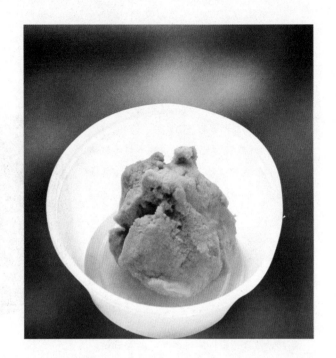

## 大蒜

　　大蒜为多年生草本植物，外层灰白色或者紫色干膜鳞被，通常有6~10个蒜瓣，每一瓣外层有一层薄膜。四川还有一种独蒜，个大、质好、形圆。普通大蒜形扁平，皆色白实心，含有大量的蒜素，具有独特的气味和辛辣味。大蒜在动物性原料调味中，有去腥、解腻、增香的作用，是川菜烹饪中不可缺少的调味品。大蒜也可做辅料来烹制川菜，如大蒜鲢鱼、大蒜烧鳝段、大蒜烧肥肠等。这些菜肴以成都温江的独头蒜为佳。大蒜不仅能去腥增色，所含的蒜素还有很强的杀菌作用。由于蒜素容易被热破坏，所以多用于生吃。可将大蒜制成泥状，用于蒜泥白肉、蒜泥黄瓜等凉菜。目前，川粤结合的蒜香味菜肴，是江湖川菜的主要品种，对蒜的要求较高。

## 糖

　　白糖、冰糖、红糖、饴糖、蜂糖等可用作川菜烹饪调味品，但以白糖、冰糖用得最多。川菜所用的白糖，不是用甜菜制作的，而是用甘蔗的茎汁，精制而成的乳白色结晶体。在烹调上有提味、增色、除腥和使菜肴滋味甜美等作用，主要在玫瑰锅炸、核桃泥、银耳果羹等甜菜中做调味品。冰糖是用白糖煎炼成的，呈不规则块形，晶莹透明，甜味纯正。在菜肴中，冰糖主要做甜汤的调味品和熬制糖色，例如冰糖燕窝、冰糖莲子等。糖色是将冰糖放入盛有少量菜油的锅中，煎炒为深红色后再使用，主要用于菜肴增色、和味。

## 芝麻

　　芝麻是用于制作芝麻油（亦称香油）和芝麻酱的主要原料。在川菜中，多用黑芝麻，主要用于芝麻肉丝、芝麻豆腐干和一些筵席点心上，以个大、色黑、饱满、无杂质者为佳。芝麻酱与其他调味品组合，能调制出风味独特的麻酱味型，如麻酱鱼肚、麻酱响皮、麻酱凤尾等菜肴就是这种味型的菜式。芝麻油在菜肴中，冷、热菜均可使用，主要是起增香的作用，如鲜熘鸡丝、盐水鸭脯等。芝麻油还可以用作调制味碟。

## 豆豉

　　豆豉是以黄豆为主要原料，经选择、浸渍、蒸煮，用少量面粉拌和，并加米曲霉菌种酿制后，取出风干而成。豆豉具有色泽黑褐、光滑油润、味鲜回甜、香气浓郁、颗粒完整、松散化渣的特点。烹调上以永川豆豉和潼州豆豉为上品。豆豉可以加油、肉蒸后直接佐餐，也可做豆豉鱼、盐煎肉、毛肚火锅等菜肴的调味品。目前，不少民间流传的川菜也需要豆豉调味。

## 姜

　　四川的姜品质优异，根块肥大，芳香和辛辣味浓。川味菜肴一般使用的是子姜、生姜、干姜三种。子姜为时令鲜蔬，季节性强，可做辅料或者腌渍成泡姜。子姜肉丝、姜爆子鸭、泡子姜这些菜，就是用子姜或者泡姜制作的。生姜在川菜中，则是将其加工成丝、片、末、汁来使用，炒、煮、炖、蒸、拌中不可缺少。与子姜、干姜相比，生姜的使用范围是最广泛的。姜汁热窝鸡、姜汁肘子、姜汁豇豆、姜汁鸭掌等菜肴的调味品均以生姜为主。用于烹鱼或制作鱼香、家常等味型的菜肴，则需炮制后的生姜味调味品，以表现它们独特的风味特点。干姜在川菜中可以用于做汤。

## 葱

　　葱有大葱、小葱之分。葱具有辛香味，可解腥气，并能刺激食欲，开胃消食，杀菌解毒。葱在烹饪中可以生吃和熟吃，生吃多用小葱。小葱香气浓郁，辛辣味较轻，一般切成葱花，用于调制冷菜各味，如怪味、咸鲜味、麻辣味、椒辣味等味型。大葱主要用葱白做热菜的辅料和调料。做辅料一般切成节，烹制葱酥鱼、葱烧蹄筋、葱烧海参等菜肴；如切成颗粒，则做宫保鸡丁、家常鱿鱼等菜肴的调味品。此外，葱白还可切成开花葱，在烧烤、汤羹、凉菜中使用。

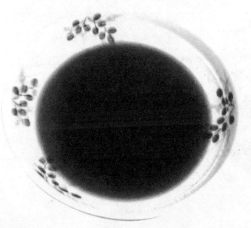

## 醋

　　醋是川菜中常用的调味品，以保宁醋、静观醋、三汇特醋为佳。醋以麸皮、大米为主要原料，用小麦、中药制曲酿制而成，具有色泽棕红、光亮澄清、醇香浓郁、酸味醇厚、回甜可口的特点。醋是烹制醋熘鸡、糖醋排骨、醋辣海参、芥末鸡丝等菜肴的调味品之一，也是调制多种味碟的主要原料。

## 酱油

酱油在川菜中使用广泛，以四川德阳县酿造厂生产的精酿酱油和成都酿造厂生产的大王酱油为佳。酱油以黄豆、小麦、面粉为主要原料，经发酵、过滤、消毒等工序酿制而成，为深棕褐色，有光泽，具有酯香浓郁、味鲜醇厚、汁酽无沉淀的特点，是川味冷菜的最佳调味品。酱油在烹调川菜中，无论蒸、煮、烧、拌的菜肴都可使用，使用范围很广。

## 榨菜

榨菜在烹饪中可直接做咸菜上席，也可用作菜肴的辅料和调味品，对菜肴能起提味、增鲜的作用。榨菜以四川涪陵生产的涪陵榨菜最为有名。它是选用青菜头或者菱角菜（亦称羊角菜）的嫩茎部分，用盐、辣椒、酒等腌后，榨除汁液呈微干状态而成，以其色红质脆、块头均匀、味道鲜美、咸淡适口、香气浓郁的特点，誉满全国，名扬海外。用它烹制菜肴，不仅营养丰富，而且还有爽口开胃、增进食欲的作用。榨菜在菜肴中，能同时充当辅料和调味品，如榨菜肉丝、榨菜肉丝汤等。以榨菜为原料的菜肴，皆有清鲜脆嫩、风味别具的特色。

## 冬菜

冬菜是四川的著名特产之一，主产于南充、资中等市。冬菜是用青菜的嫩尖部分，加上盐、香料等调味品装坛密封，经数年腌制而成。冬菜以南充生产的顺庆冬尖和资中生产的细嫩冬尖为上品，有色黑发亮、细嫩清香、味道鲜美的特点。冬菜既是烹制川菜的重要辅料，也是重要的调味品。在菜肴中做辅料的有冬尖肉丝、冬菜肉末等，既做辅料又做调味品的有冬菜肉丝汤等，均为川菜中的佳品。

# 经典川菜

## 回锅肉

回锅肉是中国川菜中一种烹调猪肉的传统菜式，川西地区还称之为熬锅肉，四川家家户户都能制作。回锅肉的特点是口味独特、色泽红亮、肥而不腻。回锅肉作为一道传统川菜，在川菜中的地位是非常显著的，川菜考级经常用回锅肉作为首选菜肴。回锅肉一直被认为是川菜之首，川菜之化身，提到川菜必然想到回锅肉。

传说回锅肉这道菜是旧时代四川人初一、十五打牙祭的当家菜。川人家祭，多在初一、十五，煮熟的二刀肉乃是祭品的主角，俗称"刀头"。家祭事毕，正当"刀头"温度适中，老成都俗话说："好刀敌不过热刀头"，这是历代川厨对厨艺知识的精妙总结。

评判回锅肉有两个标准：肉片下锅爆炒，俗称"熬"，必须熬至肉片呈茶船状，如成都人所说"熬起灯盏窝儿了"。肉片的大小以筷子夹起时会不断抖动为宜。老成都煮刀头，必以小块老姜拍散、正宗南路花椒数粒共同下锅，小户人家为了节省燃料，提高效率，绝大多数会将刀头与萝卜同煮。先吃肉汤萝卜，然后再夹起"回锅肉"入口，此刻方可领略老成都"原汤化原食"乃是何等美味！

本菜出锅装盘，可见肉片肥瘦相连，金黄亮油，蒜苗清白分明，虽熟仍秀。其他所谓连山回锅肉、青椒回锅肉、锅盔回锅肉等，均系派生出来的新派川菜，相比正宗老派的回锅肉，虽是各具特色，却已不可同日而语了。

回锅肉是川人喉咙里永远的一只小爪子！

回锅肉是川人的"九转仙丹"！

回锅肉之于川人，颇似老火汤之于粤人，同样意味着温暖、女人和家。

## 水煮鱼

"水煮鱼",又称"江水煮江鱼",系重庆渝北风味,口感滑嫩,油而不腻,既去除了鱼的腥味,又保持了鱼的鲜嫩,满目的辣椒红亮养眼,辣而不燥,麻而不苦。

"水煮鱼"起源于渝北地区。发明这道菜的师傅是川菜世家出身。他在1983年重庆地区举办的一次厨艺大赛上,用类似于现在水煮鱼的烹制方法制作了与当时传统做法截然不同的"水煮肉片"。他也因此而获得了大奖。

自从获奖后,亲朋挚友纷纷前来祝贺,每次款待来客他必要亲自下厨烹制"水煮肉片"。而他的这道菜式的灵感来源于一位从小一起长大的朋友。这位朋友生活在嘉陵江边,每次朋友前来探望,总要带上几条刚刚打上来的嘉陵江草鱼。每

每相聚,小酌几杯是肯定的,眼看时近中午,他却反而为午饭发了愁,不是为了别的,只是因为这位好友从小忌吃大肉,偏偏家中又没有准备其他的肉,正在发愁之际,木盆里跳蹦的鱼提醒了他,何不水煮"鱼肉"。就这样,第一盆水煮鱼诞生了,更没想到的是,鱼肉的鲜美、麻辣的厚重使得朋友赞不绝口,他本人也为之一惊。从此以后,他开始潜心研究"水煮鱼肉",从鱼肉的特性、麻辣的搭配到色型的创新等诸多方面力争做到精益求精,历经一年多的努力,1985年水煮鱼基本定型。

水煮鱼表面看起来很原始,实际做工考究。材料要选取新鲜生猛活鱼,又充分发挥辣椒御寒、益气养血的功效,烹调出来的肉质一点也不会变韧,且口感极好。这"麻上头,辣过瘾"的水煮鱼在全国异常流行不是偶然的。

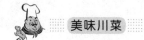

## 开水白菜

开水白菜是四川传统名菜，因为汤清澈见底，视之如开水，故名"开水白菜"。原系于川菜名厨黄敬临在清宫御膳房时创制。后来黄敬临将此菜制法带回四川，广为流传。

开水白菜名说开水，实则是巧用清汤，事实上是一款高级清汤菜。在这款菜中，白菜虽选用严谨但求之易得，而汤则来之不易。汤要味浓而清，清如开水一般，成菜乍看如清水泡着几棵白菜心，一星油花也不见，但吃在嘴里，却清香爽口。从选料到成菜整个过程中，都突出一个"鲜"字，菜鲜、汤鲜、色鲜、味鲜，为川菜中清鲜淡雅一类汤菜中的上乘之作。

相传周恩来总理一次宴请日本贵宾时，因那位女客看上来的菜只有一道清水，里面浮着几棵白菜，认为肯定寡淡无味，迟迟不愿动筷。在周总理几次三番的盛邀之下，女客才勉强用小勺舀了些汤，谁知一尝之后立即目瞪口呆，狼吞虎咽之余不忘询问总理：为何白水煮白菜竟然可以这般美味呢？

"开水白菜"，汤醇淡素雅，清澈见底，菜色泽嫩绿，形态完美，见之顿觉清鲜明快，嗅之雅香扑鼻，食之柔嫩化渣，鲜香异常，真会使人有不似珍肴，胜似珍肴之感。席间继浓味菜式之后，一款"开水白菜"入席，在味的领略中，有紧锣密鼓、急转直下、起承转合的作用。

## 东坡肘子

东坡肘子是苏东坡夫人王弗制作的传统名菜，因苏东坡极其喜爱而得名。它有肥而不腻、耙而不烂的特点，色、香、味、形俱佳，汤汁乳白，雪豆粉白，猪肘肥软适口，原汁原味，香气四溢，配酱油碟蘸食，滋味尤佳。有人称其为"美容食品"，外宾赞颂它可列入世界名菜之列。

传说王弗在一次炖肘子时因一时疏忽，肘子焦黄粘锅，她连忙加各种配料再细细烹煮，以掩饰焦味。不料，这么一来微黄的肘子味道出乎意料的好，顿时乐坏了苏东坡。他不仅自己反复炮制，还向亲友大力推广，于是，东坡肘子也就得以传世。

眉山的东坡肘子制作，比苏东坡夫人的做法有较大的改进。首先在选料上，只选猪蹄髈，洗净后放入清水中炖，炖至八分熟时，将肘子捞起来，再上蒸笼蒸。经两次脱脂后，肘子已达肥而不腻、耙而不烂的境地。食用时有两种形式：一是清汤式。即将蒸熟的肘子取出，放碗内，灌以炖鸡的汤，若无鸡汤，白开水也行，再加少量盐、少许葱，即可。最好另碗盛酱油，食时蘸点酱油，其味更鲜。二是佐料式。即将蒸熟的肘子取出置碗内，将配好的佐料浇上，即可食用。眉山的东坡肘子佐料十分讲究，由17种原料组成，具有鲜明的特点，且适合东、南、西、北的客人和海外友人的口味。

## 夫妻肺片

夫妻肺片实为牛头皮、牛心、牛舌、牛肚、牛肉，并不用牛肺，注重选料，制作精细，调味考究。色泽红亮，质地软嫩，口味麻辣浓香。

清朝末年，成都街头巷尾便有许多挑担、提篮叫卖凉拌肺片的小贩。用成本低廉的牛杂碎边角料，经精加工、卤煮后切成片，佐以酱油、红油、辣椒、花椒面、芝麻面等拌食，风味别致，价廉物美，特别受黄包车夫、脚夫和贫寒学生们的喜食。20世纪30年代在四川成都有一对摆小摊的夫妇，男叫郭朝华，女叫张田政，因制作的凉拌肺片精细讲究，颜色金红发亮，麻辣鲜香，风味独特，加之夫妇俩配合默契、和谐，一个制作，一个出售，小生意做得红红火火，一时顾客云集，供不应求。

由于采用的原料都是牛的内脏，而这些原料的来源大都是不食动物内脏的回民所丢弃的，所以当时被称作"废片"（四川的方言，有的也念"荟"）。因其价廉味美，既受买不起肉食但想吃荤腥的贫民的欢迎，又受爱其美味的市民的追捧，很快就打响了名气。后公私合营，郭氏餐馆并入成都市饮食公司，公司觉得"废片"二字不怎么好听，将"废"字易为"肺"字，并注册"夫妻肺片"，这就是成都这个著名菜品名字的由来。这道菜有牛舌，有牛心，有牛肚，有牛头皮，后来也开始加有牛肉，但唯独没有牛肺，可偏偏又叫"肺片"，机缘巧合造成的名不副实而已。

## 麻婆豆腐

麻婆豆腐是中国汉族八大菜系之一的川菜中的名品。主要原料由豆腐构成，其特色在于麻、辣、烫、香、酥、嫩、鲜、活八字，称之为八字箴言。

辣：是选用龙潭寺大红袍油椒制作豆瓣，剁细炼熟，加以少量熟油海椒烹烩豆腐，又辣又香。

烫：就是起锅立即上桌，闻不到豆腐的石膏味，冷浸豆腐的水锈味，各色佐料原有的难闻气味，只有勾起食欲的香味。

酥：指炼好的牛肉馅，色泽金黄，红酥不板，一颗颗，一粒粒，入口就酥，沾牙就化。

嫩：指的是豆腐下锅，煎氽得法，色白如玉，有棱有角，一捻即碎，故大多用小勺舀食。

鲜：指全菜原料，皆新鲜，鲜嫩翠绿，红白相宜，色味俱鲜，无可挑剔。

活：这是陈麻婆豆腐店的一项绝技。豆腐上桌，寸许长的蒜苗在碗内根根直立，翠绿鲜艳，油泽甚艳，仿佛刚从畦地采摘切碎，活灵活现，但夹之入口，皆熟透，毫无生涩味道。

麻婆豆腐，是清同治初年成都市北郊万福桥一家小饭店店主陈森富（一说名陈富春）之妻刘氏所创制。刘氏面部有麻点，人称陈麻婆。她创制的烧豆腐，则被称为"陈麻婆豆腐"，由于陈麻婆豆腐历代传人的不断努力，陈麻婆川菜馆虽距今140余年，但长盛不衰，并扬名海内外，深得国内外美食者好评。

## 宫保鸡丁

　　宫保鸡丁为黔味传统名菜，红而不辣、辣而不猛、香辣味浓、肉质滑脆。

　　说到"宫保鸡丁"，当然不能不提它的发明者——丁宝桢。据《清史稿》记载：丁宝桢，字稚璜，贵州平远（今织金）人，咸丰三年进士，光绪二年任四川总督。据传，丁宝桢对烹饪颇有研究，喜欢吃鸡和花生米，尤其喜好辣味。他在上任四川总督的时候创制了一道将鸡丁、红辣椒、花生米下锅爆炒而成的美味佳肴。这道美味本来只是丁家的"私房菜"，但后来越传越广，尽人皆知。但是知道它为什么被命名为"宫保"的人就不多了。

　　所谓"宫保"，其实是丁宝桢的荣誉官衔。据《中国历代职官词典》上的解释，明清两代各级官员都有"虚衔"。最高级的虚衔有"太师、少

师、太傅、少傅、太保、少保、太子太师、太子少师、太子太傅、太子少傅、太子太保和太子少保"。上面这些都是封给朝中重臣的虚衔，有的还是死后追赠的，通称为"宫衔"。咸丰以后，这几个虚衔不再用"某师"而多用"某保"，所以这些最高级的虚衔又有了一个别称——"宫保"。丁宝桢治蜀十年，为官刚正不阿，多有建树，于光绪十一年死在任上。清廷为了表彰他的功绩，追赠"太子太保"。如上文所说，"太子太保"是"宫保"之一，于是他发明的菜得名"宫保鸡丁"，也算是对这位丁大人的纪念了。

　　时过境迁，很多人已不知"宫保"为何物，就想当然地把"宫保鸡丁"写成了"宫爆鸡丁"，虽一字之差，但却改变了纪念丁宝桢的初衷。

## 鱼香肉丝

　　鱼香肉丝是一道常见川菜。鱼香，是四川菜肴主要传统味型之一。成菜具有鱼香味，其味是调味品调制而成的。此法源于四川民间独具特色的烹鱼调味方法，而今已广泛用于川味的熟菜中。

　　相传很久以前在四川有一户生意人家，他们家里的人很喜欢吃鱼，对调味也很讲究，所以他们在烧鱼的时候都要放一些葱、姜、蒜、酒、醋、酱油等去腥、增味的调料。

　　有一天晚上，家中的女主人在炒一个菜的时候，为了不使配料浪费，她把上次烧鱼时用剩的配料都放在这款菜中炒和。当时她还以为这款菜可能不是很好吃，家中的男人回来后不好交待。她正在发呆之际，她的老公做生意回家了。

　　她老公不知是肚饥之故还是感觉这碗菜的特别，还没等开饭就用手抓起来往嘴中放。刚吃了几口，他就迫不及待地问老婆这菜是用什么做的。她正不知道怎么回答时，却发现老公连连称赞其菜之味。她老公见她没回答，又问了一句："这么好吃的菜是用什么做的？"就这样老婆才一五一十地给他讲了一遍。

　　而这款菜是用烧鱼的配料来炒和其他菜肴，才会回味无穷，所以取名为鱼香。

　　后来这道菜经过四川人若干年的改进，已早列入四川菜谱，如鱼香猪肝、鱼香肉丝、鱼香茄子和鱼香三丝等。如今此菜因风味独特，受各地人们的欢迎而风靡全国。从以上所述，可以看出鱼香肉丝这道菜里面是没有鱼的，只有鱼香气。

## 樟茶鸭

樟茶鸭属熏鸭的一种，制作考究，要求严格，成菜色泽金红，外酥里嫩，带有樟木和茶叶的特殊香味，是四川省著名菜肴之一。其实，"樟茶鸭"的历史并不久远，只有不到150年的历史，这其中还有一段插曲。相传，清代晚期名臣丁宝桢在四川上任时，曾选派成都人黄晋临到宫里伺候慈禧太后的膳食。黄晋临是当年成都的名厨，他在清宫御膳房为慈禧当差时，将宫廷里的熏鸭用料，改为用四川的樟树叶和茶叶。他熏制出的鸭子，味道极为鲜美，与宫里原来的做法大为不同，深受慈禧的赏识。此菜皮酥肉嫩，色泽深红油亮，味道鲜美，具有特殊的

樟茶香味。黄晋临晚年，告老还乡之后，又把"樟茶鸭"带回了四川老家。目前，"樟茶鸭"名扬四海，成为川菜宴席上的一道名菜。

此菜选料严谨，制作精细，选用秋季上市的肥嫩公鸭，经腌、熏、蒸、炸四道工序，故又名"四制樟茶鸭"。在四道工序中以选用樟树叶和花茶叶的烟熏鸭最为关键。樟树为常绿乔木，多生于暖地，叶子为椭圆形，富樟树特有的香气，以之与花茶熏鸭是此菜的一大特色。此菜装盘上席也很讲究，整鸭熏好后要先斩段后整形，复原于盘中，使鸭子不仅肉好吃，而且形好看。上席时配以"荷叶软饼"，供食者卷食，风味尤佳。

美味川菜

香鲜肉荤

# 各种材料

## 猪肉

**性味:** 平、甘。

### 挑选方法与储存

优质的猪肉,脂肪白而硬,且带有香味。次鲜肉肉色较鲜肉暗,缺乏光泽,脂肪呈灰白色,表面带有黏性,稍有酸败霉味。

### 适宜人群

一般健康人和患有疾病之人均能食之。但多食令人虚肥,大动风痰,且多食或冷食易引起胃肠饱胀或腹胀、腹泻。

### 烹饪技巧

猪肉不宜在猪刚被屠杀后煮食,食用前不宜用热水浸泡,在烧煮过程中忌加冷水,不宜多食煎炸咸肉,不宜多食加硝酸盐腌制的猪肉,忌食用猪油渣。

### 挑选方法与储存

看猪蹄颜色,尽量买接近肉色者,过白、发黑的及颜色不正的不要买。

### 适宜人群

一般人都可食用。更是老人、妇女、失血者的食疗佳品。

### 烹饪技巧

在烧猪蹄前,稍加一点醋,能使猪蹄中蛋白质易于被人吸收,并使骨细胞中的胶质分解出磷和钙,增加营养价值。

## 猪蹄

**性味:** 平、甘、咸。

# 猪大肠

**性味：** 甘，平、微寒。

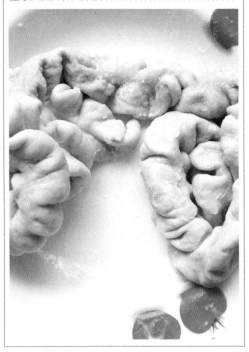

## 挑选方法与储存

质量好的猪大肠，颜色呈白色，黏液多，异味轻。色泽变暗，有青有白，黏液少，异味重的质量不好。

## 适宜人群

一般人都可食用。感冒期间忌食，因其性寒，凡脾虚、便溏者亦忌。

## 烹饪技巧

猪大肠适于烧、烩、卤、炸，如"浇大肠段""卤五香大肠""炸肥肠""九转肥肠""炸斑指"等。

## 挑选方法与储存

生猪腰外表颗粒状突出，为沙腰，其他情况基本是泥腰。

## 适宜人群

一般人都可食用。血脂偏高者、高胆固醇者忌食。

## 烹饪技巧

拿来煮汤的话，沙腰煮熟后汤底清澈，吃起来脆脆的；泥腰煮熟后汤底浑浊，吃起来像泥一样。

# 猪腰

**性味：** 咸，平、无毒。

# 猪肚

**性味：**甘，温。

## 挑选方法与储存

新鲜的猪心，心肌为红或淡红色，脂肪为乳白色或微带红色，心肌结实而有弹性，无异味。

### 适宜人群

适宜心虚多汗、自汗、惊悸恍惚、怔忡、失眠多梦之人食用。精神分裂症、癫痫、癔病者食用能缓解病情。

### 烹饪技巧

买回猪心后，立即在少量面粉中"滚"一下，放置1小时左右，然后再用清水洗净，这样烹炒出来的猪心味美纯正。

# 猪心

**性味：**平，甘咸。

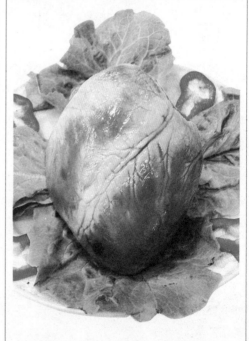

## 挑选方法与储存

呈淡绿色，黏膜模糊，组织松弛、易破，有腐败恶臭气味的不要选购。

### 适宜人群

一般人均可食用。

### 烹饪技巧

猪肚洗净后，翻过来在热锅中来回蹭几下，就会减少其异味。

# 牛肉

**性味：** 甘，平，无毒。

## 挑选方法与储存

应选择来源可靠、渠道正规、经过检疫部门检测的牛肚，颜色太白的牛肚不宜选购。

### 适宜人群

适宜病后虚羸、气血不足、营养不良、脾胃薄弱之人食用。

### 烹饪技巧

吃前用食盐将牛肚搓洗干净，煮之前过温水。

# 牛肚

**性味：** 甘，温，无毒。

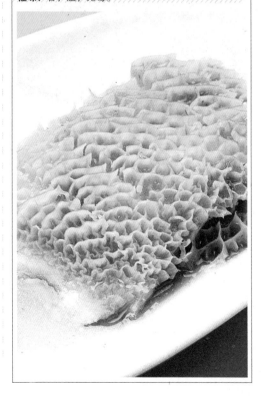

## 挑选方法与储存

新鲜牛肉的脂肪洁白或淡黄色，次品牛肉的脂肪缺乏光泽，变质牛肉脂肪呈绿色。

### 适宜人群

一般人都可食用。

### 烹饪技巧

煮牛肉时，锅内同时放入少量用布袋装好的茶叶，不仅能使牛肉很快煮烂，而且肉味更鲜美。

# 羊肉

**性味：** 甘，温，无毒。

## 挑选方法与储存

从吃法上说，山羊肉更适合清炖和烤羊肉串。山羊肉发散，不黏手，纤维粗长。

## 适宜人群

一般人均可食用。尤其适合怀孕的人食用，但也不宜食用过多。

## 烹饪技巧

羊肉中有很多膜，切丝之前应先将其剔除，否则炒熟后肉膜较硬，吃起来难以下咽。

## 挑选方法与储存

新鲜的兔肉肌肉有光泽，红色均匀，脂肪为淡黄色；肌肉外表微干或微湿润，不黏手；肌肉有弹性，用手指压肌肉后的凹陷会立即恢复。

## 适宜人群

一般人群均可食用。适宜老人、妇女，也是肥胖者和肝病、心血管病、糖尿病患者的理想肉食。

## 烹饪技巧

兔肉适用于炒、烤、焖等烹调方法，可红烧、粉蒸、炖汤，如椒麻兔肉、粉蒸兔肉、麻辣兔片、鲜熘兔丝等。

# 兔肉

**性味：** 甘，凉。

## 川军回锅肉

视觉享受：★★★★　味觉享受：★★★★★　操作难度：★★

TIME：20分钟

菜品特点
香味浓郁
口味独特

● **主料：** 五花肉 500 克

● **配料：** 木耳、油菜、干辣椒、葱、姜、蒜、辣椒酱、精盐、植物油各适量

### 操作步骤

①五花肉洗净切片；木耳泡发去蒂、洗净，撕小朵；油菜洗净切段；干辣椒切段；葱、姜、蒜切末。

②锅中倒油烧热，放入葱、姜、蒜、干辣椒爆香，加入五花肉翻炒至断生，加入辣椒酱翻炒至入味，放入木耳、油菜炒熟，出锅前加入精盐调味即可。

### 操作要领

辣椒酱本身就很咸，所以加盐时注意用量。

### 营养贴士

五花肉具有补肾养血、滋阴润燥等功效。

---

● **主料：** 牛里脊肉 250 克

● **配料：** 洋葱 50 克，青椒、红椒各 1 个，黑胡椒粉 5 克，蚝油 15 克，水淀粉 10 克，料酒、精盐、白糖、鸡精、植物油、芝麻各适量

### 操作步骤

①牛里脊肉洗净，用刀背拍松，切厚片，放入装有料酒、植物油及水淀粉的碗中，拌匀后腌 15 分钟。

②洋葱洗净切丝；青椒、红椒洗净，去蒂及籽，均切成大小相仿的丝。

③锅中倒油烧热，放入牛柳，炒至七成熟，加入黑胡椒粉、蚝油、白糖、精盐、鸡精、芝麻炒匀，放入洋葱和青椒丝、红椒丝，翻炒至熟装盘即可。

### 操作要领

拍松牛肉并用油和淀粉抓拌，是为了使牛肉更嫩。

### 营养贴士

此菜具有增长肌肉、增强力量等功效。

## 口口香牛柳

视觉享受：★★★★　味觉享受：★★★　操作难度：★★

TIME 40分钟

菜品特点
味香浓郁
肉质鲜嫩

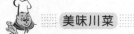

## 夫妻肺片

TIME 60分钟

菜品特点
色泽红亮
香软鲜香

视觉享受: ★★★★
味觉享受: ★★★★
操作难度: ★

➡ **主料:** 牛肉、牛舌、牛头皮各100克,牛心150克,牛肚200克

👆 **配料:** 香料包(八角、山奈、小茴香、草果、桂皮、丁香、生姜)1个,精盐、红油辣椒、花椒、芝麻、熟花生米、豆油、味精、芹菜各适量

### 🍃 操作步骤

①将牛肉切成块,与牛杂(牛舌、牛心、牛头皮、牛肚)一起漂洗干净,用香料包、精盐、花椒卤制,先用猛火烧开再转用小火,卤制到肉料熟而不烂,捞起晾凉,切成大薄片,卤汁留着备用。

②将芹菜洗净,切成半厘米长的段,焯熟;芝麻炒熟;熟花生米压碎备用。

③盘中放入切好的牛肉、牛杂,加入卤汁、味精、红油辣椒、熟芝麻、花生米碎末和芹菜,再用豆油炸好花椒,浇在牛肉、牛杂上,拌匀即可。

### 🔥 操作要领

一定要用小火煮熟牛肉、牛杂。

### 👉 营养贴士

此菜具有温补脾胃、补血温经、补肝明目、促进人体生长发育等功效。

视觉享受：★★★★　味觉享受：★★★★　操作难度：★★★

# 红焖羊排

TIME 45分钟

菜品特点
味道可口
营养丰富

**➡主料：** 羊排 500 克

**👉配料：** 植物油 50 克，花生仁 30 克，葱花、姜末、胡椒粉、蒜瓣、八角、花椒、山奈、桂皮、水淀粉、香油、酱油、白糖各适量

## 🍳 操作步骤

①将羊排洗净，剁成 7 厘米长的段，再用流水冲洗，捞出沥干备用。

②坐锅点火，加植物油烧热，先下入姜末炒香，再倒入羊排，加入酱油煸炒 5 分钟，然后添入适量清水，加入八角、花椒、山奈、葱花、桂皮、白糖、胡椒粉、花生仁、蒜瓣，用小火焖煮，待汤浓汁稠时用水淀粉勾薄芡，淋入香油，撒上葱花即可。

## 🥄 操作要领 ◄◄◄

羊排加水烧开后，一定要转小火焖煮，这样才能保证羊排软熟入味。

## 👉 营养贴士

本菜品具有补气滋阴、生肌健力、养肝明目等功效。

**➡主料：** 酸豆角 250 克，猪肉 200 克

**👉配料：** 花生仁 50 克，干辣椒碎 8 克，蒜泥 10 克，精盐、味精、酱油、熟猪油各适量

## 🍳 操作步骤

①酸豆角洗净，倒进温水中浸泡一小会，然后切碎；猪肉切末。

②锅置火上，倒入酸豆角翻炒，直至炒干水分盛出。

③锅中倒入熟猪油烧热，下入肉末煸炒，加精盐调味，倒入酸豆角、花生仁翻炒，加入蒜泥、干辣椒碎、酱油炒匀加水焖煮，煮熟后收干汤汁，加入味精出锅即可。

## 🥄 操作要领 ◄◄◄

步骤③中加水焖煮时，加水量不宜过多。

## 👉 营养贴士

豆角含有优质蛋白和不饱和脂肪酸，具有补肾健胃等功效。

视觉享受：★★★★　味觉享受：★★★★　操作难度：★

# 酸豆角炒肉末

TIME 15分钟

菜品特点
麦熟香嫩
鲜辣闻香

# 鱼香兔丝

捏妮享受：★★★★
味您享受：★★★★
操作难度：★★

**TIME** 15分钟

菜品特点
五味适宜
风味鲜美

🔺 **主料：** 兔肉500克

🔺 **配料：** 大蒜、白糖、醋、酱油、姜、植物油、豆瓣酱、剁椒、葱、高汤各适量

 **操作步骤**

①兔肉切丝；蒜、姜切末；葱切葱花。

②调一小碗鱼香汁：酱油、醋、白糖调匀。

③锅烧热后倒入植物油，先放入姜末、蒜末炒香，倒入剁椒、豆瓣酱炒出香味后，倒入高汤，放入兔肉翻炒至熟，再倒入事先调好的鱼香汁，大火煮至收汁，撒上葱花即可。

🔺 **操作要领** ◀◀◀

豆瓣酱最好事先切碎一些；高汤也可用水代替。

👉 **营养贴士**

兔肉中所含的脂肪和胆固醇，低于所有其他肉类，而且脂肪又多为不饱和脂肪酸，常吃兔肉，可强身健体，但不会增肥，是肥胖人群理想的食品，女性食之，可保持身体苗条。

视觉享受：★★★ 味觉享受：★★★★ 操作难度：★★

## 辣子肉丁

TIME 20分钟

菜品特点：美味可口 营养丰富

**主料：** 猪肉300克，莴笋200克

**配料：** 姜、葱各少许，剁椒酱、生抽、鸡精、精盐、植物油各适量

### 操作步骤

①猪肉洗净切丁备用，莴笋切丁后用热水焯一下备用；姜、葱切末剁碎。

②锅中倒油烧热，放入姜末、葱末爆香，放入猪肉炒至八成熟，放入剁椒酱、生抽翻炒至入味。

③将莴笋放入锅内，和肉一起翻炒至熟，加入精盐、鸡精调味即可。

### 操作要领

因为剁椒酱已有咸味，所以放盐时要注意把握好量。

### 营养贴士

猪肉具有补虚强身、滋阴润燥、丰肌泽肤的功效。

**主料：** 五花腊肉300克，鸡婆笋100克

**配料：** 豆豉20克，干椒汁15克，精盐、味精各5克

### 操作步骤

①将五花腊肉洗净，入笼蒸熟，切成薄片；鸡婆笋切成段，焯水，捞出控水。

②用腊肉片将鸡婆笋卷紧，放入蒸钵内，加豆豉、干椒汁等调料，入笼蒸熟，取出摆盘即可。

### 操作要领

腊肉切片时，要切薄一点，这样既好看，又方便蒸。

### 营养贴士

腊肉中含有丰富的磷、钾、钠，还含有脂肪、蛋白质、碳水化合物等。

视觉享受：★★★★★ 味觉享受：★★★ 操作难度：★★★

## 螺旋腊肉

TIME 15分钟

菜品特点：外形美观 口味独特

# 毛血旺

视觉享受：★★★
味觉享受：★★★★★
操作难度：★★★

TIME 35分钟

菜品特点
麻辣鲜香
分量味旺

> **主料：** 鸭血 300 克，牛百叶 250 克，黄豆芽 100 克，莴笋 1 根，黄鳝 2 条，火腿、肥肠各 50 克

> **配料：** 花椒 5 克，红油火锅底料、郫县豆瓣酱各 50 克，生抽 15 克，料酒 20 克，白糖 10 克，蒜瓣 6 个，鸡精、香油、葱、姜、食用油、精盐、红辣椒段各适量

## 操作步骤

①莴笋去皮切块，放入锅中加少许精盐，焯烫后捞出过凉；黄豆芽洗净，焯烫 2 分钟过凉；牛百叶焯烫后捞出过凉；肥肠洗净切段，焯烫捞出晾凉；去骨的黄鳝切片放入沸水中焯烫，洗去上面的黏液；鸭血切块煮上 2 分钟，过凉备用；姜、蒜切末，葱切葱花。

②锅置火上，加入香油，放入花椒、红辣椒爆香，制成麻辣油。

③另取一锅，放入植物油，烧至五成热，放入葱末、姜末、蒜末爆香，加入豆瓣酱和火锅底料炒出香味，

加适量水，放入鸭血块、黄鳝片、生抽、白糖、料酒煮 5~8 分钟，放入牛百叶、肥肠、黄豆芽、莴笋、火腿煮 2~3 分钟，加精盐、味精调味关火，倒入制好的麻辣油即可。

## 操作要领

所有食材分别烫一下，可以使煮好的毛血旺汤清透红亮，口味更佳。

## 营养贴士

鸭血富含铁、钙等多种矿物质，营养丰富。

视觉享受：★★★　味觉享受：★★★★★　操作难度：★★

# 麻辣牛肉片

TIME 30分钟

菜品特点
口感丰富
操作简单

> **主料：** 牛肉 500 克
>
> **配料：** 辣椒油、白糖、酱油、味精、花椒粉、精盐、白芝麻各适量

## 操作步骤

①牛肉洗净，在开水锅内煮熟，捞起晾凉后切成片。
②将牛肉片盛入碗内，先下精盐搅拌，使之入味，接着放辣椒油、白糖、酱油、味精、花椒粉再拌，最后撒上白芝麻，拌匀盛入盘内即成。

## 操作要领

也可用花生来代替芝麻，只是要将花生先炸熟再碾碎。

## 营养贴士

寒冬食牛肉，有暖胃作用，为寒冬补益佳品。

---

> **主料：** 毛肚 500 克
>
> **配料：** 莴笋 200 克，姜、蒜各少许，辣椒油、花椒、精盐各适量

## 操作步骤

①毛肚洗净后用开水焯熟，晾凉后切成片；姜、蒜切成末；莴笋用开水焯熟后切成片摆在盘底。
②锅烧热放辣椒油、花椒、姜、蒜炸香，倒入碗里。
③将肚片放在盛调料的碗里，加入精盐，一起搅拌均匀后倒在莴笋片上即可。

## 操作要领

如果毛肚非常白，超过其应有的白色，而且体积肥大，应避免选购，那都是掺了化学物质的，不健康。

## 营养贴士

牛肚含蛋白质、脂肪、钙、磷、铁、硫胺素、尼克酸等元素，具有补益脾胃、补气养血、补虚益精的功效。

视觉享受：★★★★　味觉享受：★★★　操作难度：★★

# 麻辣毛肚

TIME 20分钟

菜品特点
麻辣爽口
口味独特

# 四川**炒猪肝**

TIME 15分钟

视觉享受：★★★
味觉享受：★★★★
操作难度：★

- 🔵 **主料**：猪肝 500 克
- 🔵 **配料**：洋葱 200 克，干辣椒碎、花椒、红油、姜、蒜、精盐、味精、植物油各适量

 **操作步骤**

①猪肝在水龙头下反复冲洗至没有血水，然后在清水中泡 30 分钟，取出切成片状，再用水反复冲洗至没有血水后投入沸水中，煮 1~2 分钟后用漏勺捞起，用凉水冲凉，沥干待用。

②洋葱洗净剥去外皮，切成粗丝；干辣椒切碎；姜、蒜切末。

③锅中倒植物油烧热，放入姜末、蒜末、花椒、干辣椒碎炒香，放入猪肝爆炒，加入洋葱翻炒至八成

熟，加入精盐、味精、红油，翻炒至熟即可。

 **操作要领**

为避免猪肝过老，口味不正宗，用沸水煮或爆炒的时间都不宜过长。

 **营养贴士**

肝脏是动物体内储存养料和解毒的重要器官，含有丰富的营养物质，具有营养保健功能，是最理想的补血佳品之一。

视觉享受：★★★★　味觉享受：★★★★★　操作难度：

# 麻辣牛肉丝

TIME 20 分钟

菜品特点
色泽红亮
鲜香爽口

**主料：** 鲜牛肉 2500 克

**配料：** 干辣椒面 75 克，整花椒 5 克，姜末、葱段各 50 克，姜末 25 克，酱油 150 克，花椒面 20 克，精盐 30 克，白糖、料酒、红油辣椒、熟白芝麻、味精、香油、花生油、清汤各适量

## 操作步骤

①牛肉去筋，切块，放入清水锅内烧开，打尽浮沫，加入少许姜末、葱段、整花椒，微火煮断生捞起，晾凉后切成粗丝。

②锅内倒入花生油烧至六成热，放入牛肉丝，炸干水分，盛出。

③锅内留余油，下干辣椒面、姜末，微火炒出红色后加清汤，放入牛肉丝（汤要淹过肉丝），加精盐、酱油、白糖、料酒，烧开后移至微火慢煨。

④不停翻炒至汤干汁浓时加味精、红油辣椒、香油，调匀，起锅装入托盘内，撒花椒面、熟白芝麻，拌匀即成。

## 操作要领 ◀◀◀

牛肉晾凉后切丝时，应注意把附在牛肉上的筋丝剔除，否则影响成菜质量。

## 营养贴士

牛肉有补中益气、滋养脾胃、强健筋骨、化痰息风、止渴、止涎的功效。

---

**主料：** 里脊肉 300 克，白菜适量

**配料：** 木耳、辣椒酱、姜、蒜、醋、精盐、植物油各适量

## 操作步骤

①里脊肉洗净切片；白菜洗净横切段；木耳泡发洗净，撕成小片，姜、蒜切末。

②锅中倒油烧热，放姜末、蒜末爆香，放入里脊肉翻炒，加入白菜、木耳，一起翻炒一小会儿，加入辣椒酱、醋、水，盖上锅盖焖煮一会儿。

③打开锅盖，加入精盐调味后出锅即可。

## 操作要领 ◀◀◀

辣椒酱本身有咸味，所以不用放太多的盐。

## 营养贴士

木耳可补气养血、润肺止咳、止血、降压、抗癌。

视觉享受：★★★　味觉享受：★★★★　操作难度：★★

# 酸辣里脊白菜

TIME 25 分钟

菜品特点
酸辣适中
营养美味

TIME 90分钟

菜品特点
劲辣提香
补中益气

# 香辣羊肉锅

视觉享受 ★★★
味觉享受 ★★★★★
操作难度 ★★

**主料：** 羊肉500克

**配料：** 红枣2颗，藕1节，香料、姜、蒜、葱花、料酒、生抽、老抽、色拉油、醋、干辣椒、郫县豆瓣酱、精盐各适量

## 操作步骤

①羊肉放入清水中清洗至无血水后捞出，锅内放入适量的冷水，下入羊肉，加入少许醋烧开，捞出，再用清水冲去血沫，沥干待用；干辣椒切段；姜切片；蒜去皮，切末；红枣洗净；藕洗净切片。

②热锅中倒油，下入郫县豆瓣酱，炒出红油后下入羊肉、香料、干辣椒、姜片、蒜末炒匀，加入料酒、老抽、生抽以及适量的精盐炒匀。

③加入热水（以浸过羊肉为宜），盖上锅盖，大火

烧开后转小火焖煮约70分钟，下入藕片、红枣煮约2分钟后出锅，撒上葱花即可。

## 操作要领

羊肉炖的时间不宜太长，不然羊肉易煮老。

## 营养贴士

羊肉可暖中补虚、补中益气、开胃健力、益肾气，是助元阳、补精血、益劳损之佳品。

视觉享受：★★★ 味觉享受：★★★★★ 操作难度：★

# 蒜苗腊肉

TIME 15分钟

菜品特点
美味可口
祛寒消食

📩 主料：腊肉 500 克，蒜苗 100 克
📩 配料：红辣椒、精盐、植物油各适量

## 🌀 操作步骤

①腊肉放沸水锅里煮透后晾凉切片；蒜苗切斜段，茎和叶分开放；红辣椒切片。
②锅中倒油烧热，放入腊肉炒到透明出油，下蒜茎部分，炒至断生。
③最后下蒜苗叶子和红辣椒，出锅前放入精盐调味即可。

## 🌀 操作要领

腊肉本身有咸味，所以也可不放盐。

## 👉 营养贴士

腊肉味咸、甘，性平，具有开胃、祛寒、消食等功效。

📩 主料：兔肉 500 克
📩 配料：红辣椒 5 个，水发香菇、葱、姜、蒜、花椒、醋、辣椒油、精盐、植物油各适量

## 🌀 操作步骤

①兔肉切丁；红辣椒切段；水发香菇切块；葱切葱花；姜、蒜切末。
②锅中倒植物油烧热，放入葱花、姜末、蒜末、花椒爆香，放入兔肉翻炒，放入红辣椒、水发香菇翻炒至辣椒变软，加入醋、辣椒油翻炒至入味后，加少许水焖一小会儿。
③打开锅盖，大火收汁，加入精盐调味后盛盘即可。

## 🌀 操作要领

如果觉得太辣，可以少放一点辣椒油。

## 👉 营养贴士

兔肉主治阴液不足、烦渴多饮、大便秘结、形体消瘦、脾胃虚弱、食少纳呆、神疲乏力、面色少华等症。

视觉享受：★★ 味觉享受：★★★★★ 操作难度：★★

# 酸辣兔肉丁

TIME 15分钟

菜品特点
酸辣可口
营养丰富

TIME 15分钟

菜品特点
欢游爽口
营养全面

# 银芽里脊丝

视觉享受 ★★★
味觉享受 ★★★
操作难度 ★

▶ **主料：** 猪里脊、绿豆芽各 250 克

▶ **配料：** 鸡蛋 1 个，葱白末 3 克，精盐 4 克，绍酒 10 克，味精 2 克，猪油 750 克（耗约 75 克），湿淀粉 25 克，红枣 5 个，红辣椒适量

## 操作步骤

①肉切成丝，加精盐、蛋清及湿淀粉拌匀上浆；豆芽掐去两头，洗净；红枣去核，切丝；红辣椒切丝。

②炒锅置旺火上，倒入油烧至三四成热时，投入肉丝滑散、滑熟，捞出控油。

③锅中留底油，下葱白末、豆芽、红辣椒，快速煸炒至八成熟，烹绍酒，加精盐、味精，倒入肉丝、红枣丝翻炒均匀起锅即成。

## 操作要领

豆芽的两头一定要掐掉，因为两头的豆芽很老，影响口感。

## 营养贴士

绿豆芽具有清暑热、通经脉、解诸毒、补肾、利尿、消肿等功效。

视觉享受：★★★ 味觉享受：★★★★★ 操作难度：★★

# 野山椒炖猪脚

TIME 60 分钟

菜品特点
软糯适中
Q弹爽口

> **主料：** 猪蹄 1 个（重约 800 克）
> **配料：** 泡椒、料酒、老抽、姜、大蒜、油、精盐、八角、草果、桂皮、香菜叶、植物油各适量

## 操作步骤

①将猪蹄洗净，剁小块，放入沸水中煮 2 分钟左右，捞出用清水冲去血沫，沥干；姜切片，大蒜去皮，切片；八角、桂皮、草果洗净。

②起油锅，下入泡椒炒出辣味后下入猪蹄，翻炒几下后，加入料酒与老抽翻炒均匀。

③放入八角、桂皮、草果、姜片、蒜片，再加入适量的水（要浸过猪蹄），大火烧开后转小火炖 20 分钟，放入适量的精盐，小火将猪蹄炖至软烂时，开大火将汤汁收浓，放上香菜叶点缀即可。

## 操作要领

如果猪蹄上面有毛可先放在火上烤一会儿，再用刀刮洗干净。

## 营养贴士

猪蹄对于经常性的四肢疲乏、腿部抽筋、麻木、消化道出血及失血性休克有一定辅助疗效。

> **主料：** 猪里脊 500 克
> **配料：** 鸡蛋 4 个，味精 2 克，料酒 30 克，干淀粉 30 克，植物油 500 克，精盐少许

## 操作步骤

①将里脊肉洗净，切成长 4 厘米、宽 2 厘米的薄片，放在碗内，加精盐、味精、料酒拌匀，腌渍入味。

②将蛋清倒入碗内，用筷子顺一个方向连续搅打起泡沫，直到能立住筷子为止，再加干淀粉，顺同一方向搅拌均匀，制成蛋泡糊。

③炒锅置火上，放入植物油，烧至五成熟，将腌渍好的里脊肉逐片粘上蛋泡糊后放入锅中，用筷子翻动，大约 5 分钟炸熟捞出装盘即可。

## 操作要领

用筷子在锅里翻动的时候，动作要轻，不然就没有形了。

## 营养贴士

猪肉可提供血红素（有机铁）和促进铁吸收的半胱氨酸，能改善缺铁性贫血。

视觉享受：★★★★ 味觉享受：★★★ 操作难度：★★

# 炸里脊

TIME 20 分钟

菜品特点
香嫩酥脆
美味可口

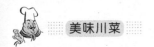 

# 灯影牛肉

TIME·60分钟

菜品特点
清香鲜美
回味无穷

➡ **主料:** 牛肉500克

🔄 **配料:** 糖5克,绍酒、酱油各5克,蒜泥、花椒粉、味精、精盐、熟白芝麻各少许,红油、植物油各适量

## 🔄 操作步骤

①将洗净的牛肉上笼蒸熟,切成片,越薄越好。

②锅中入植物油烧至七成热时,将牛肉片放入锅内,炸至稍有油色(金黄色)取出。

③另取一个锅,放入少许植物油,放入蒜泥、酱油、糖,再将牛肉片倒入锅内翻炒几下,加绍酒炒匀,加入精盐、味精调味,出锅前淋红油,撒上花椒粉、熟白芝麻即可。

## 🔵 操作要领 ◄◄◄

煸炒牛肉时注意盐要适量。

## 👉 营养贴士

寒冬食牛肉,有暖胃作用,为寒冬补益佳品。

视觉享受：★★★★　味觉享受：★★★★　操作难度：★★

# 荷叶**粉蒸肉**

TIME 150 分钟

**菜品特点**
鲜嫩软糯
油而不腻

**➡主料：** 五花肉 300 克，炒米粉 150 克
**➡配料：** 荷叶 2 张，香葱 1 棵，生姜 1 小块，香油、酱油、料酒、甜面酱、五香粉、白糖各适量

## 操作步骤

①将肉洗净切成厚片，放入盆中；荷叶用热水烫软备用；葱、姜洗净切丝。
②将酱油、甜面酱、白糖、料酒、葱丝、姜丝、五香粉、香油放入装肉片的盆内，拌匀腌 30 分钟，再加炒米粉拌匀，逐片放入铺有荷叶的蒸笼内，用大火蒸 2 小时左右即可。

## 操作要领 ◀◀◀

酱油也可以换成生抽或老抽。

## 营养贴士

猪肉含有丰富的优质蛋白质和必需的脂肪酸，可作为营养滋补之品。

**➡主料：** 兔肉 500 克
**➡配料：** 花椒 20 克，红油 10 克，料酒 25 克，味精 15 克，白糖 10 克，辣椒酱、豆瓣酱各 20 克，蒜泥 30 克，高汤、精盐、植物油各适量，葱少许

## 操作步骤

①兔肉用刀切成小方丁，入沸水锅里焯水，用冷水漂洗干净；姜洗净切片，葱切花。
②锅内放少许植物油，下蒜泥和红油、花椒煸香，再下入兔肉，煸炒出香味，下入其他调料，放入高汤，加上盖焖大约 15 分钟，把水分烧干，起锅装盘，撒上葱花即可。

## 操作要领 ◀◀◀

兔肉不要切得太大，1 厘米左右最好。

## 营养贴士

兔肉具有补中益气、滋阴养颜、生津止渴的功效，可长期食用，且不会引起发胖，是肥胖者的理想食品。

视觉享受：★★★★　味觉享受：★★★★　操作难度：★★

# 宫廷**兔肉**

TIME 20 分钟

**菜品特点**
营养丰富
美味难持

 金针培根卷

视觉享受：★★★★★
味觉享受：★★★
操作难度：★★

菜品特点

色泽诱人
鲜嫩爽口

➡ **主料：** 培根 200 克，金针菇 300 克
➡ **配料：** 生抽、鲜味汁、植物油各适量

## 操作步骤

①金针菇洗净分成拇指粗的份儿；培根（长条）剪成两半，一半培根卷一簇金针菇。
②锅中倒油烧热，一个一个放入卷好的金针培根卷，注意接头朝下，煎到表面微微变黄后翻一面。
③烹入鲜味汁和生抽，继续煎煮两三分钟收汁即可。

## 操作要领

如果觉得干可以在烹入鲜味汁和生抽时放一点高汤或热水。

## 营养贴士

培根有健脾、开胃、祛寒、消食等功效。

视觉享受：★★★　味觉享受：★★★★　操作难度：★

# 蒜泥白肉

TIME 40分钟

菜品特点
蒜味浓厚
肥而不腻

- **主料：** 生净带皮猪后腿肉250克
- **配料：** 葱2根，姜3片，蒜泥、白糖、香油、酱油各适量，香菜、干辣椒段、辣椒油、味精各少许

## 操作步骤

①将猪后腿肉放入锅中，加足量水，葱切段，姜拍碎一起加入，旺火煮至肉皮软，关火，浸泡15分钟。

②捞出猪后腿肉，沥干水分，切成大小合适的薄片摆盘，点缀些香菜、干辣椒段。

③将蒜泥、味精、白糖、酱油、香油、辣椒油放入碗中调成汁，与摆好盘的猪后腿肉一起上桌即可。

## 操作要领

煮肉时不可过烂，否则切片时容易变松散。

## 营养贴士

猪肉具有改善缺铁性贫血的功效。

- **主料：** 肥牛、杭椒各300克
- **配料：** 金针菇、豆腐皮各50克，葱、姜、蒜各20克，红辣椒少许，生抽、精盐、鸡精、植物油各适量

## 操作步骤

①杭椒洗净、去蒂；肥牛洗净、切片；金针菇撕成一条一条的；豆腐皮切成条；葱、姜、蒜切成末；红辣椒切丝，焯水。

②锅中倒油烧热，将杭椒一个一个放进去，煎至微黄变软时捞出，控油摆在盘底。

③另起锅倒油烧热，放入葱末、姜末、蒜末炒香，加入肥牛，炒至八成熟时加入金针菇、豆腐皮一起炒，加入精盐、鸡精、生抽，加适量清水焖一会儿出锅，倒入放杭椒的盘子里，放上焯过水的红椒丝即可。

## 操作要领

因为是虎皮杭椒，所以在处理杭椒时不可以去皮，而且要选用大个的杭椒。

## 营养贴士

杭椒既是美味佳肴的好佐料，又是一种温中散寒、可用于食欲不振等症的食疗佳品。

视觉享受：★★★★　味觉享受：★★★　操作难度：★★★

# 虎皮杭椒浸肥牛

TIME 15分钟

菜品特点
咸鲜微辣
脆嫩爽口

# 鱼香丸子

TIME 20分钟

视觉享受：★★★
味蕾享受：★★★★
操作难度：★★★

菜品特点
美味诱人
营养丰富

➡ **主料**：肉丸子 10 个

➡ **配料**：豆瓣酱、蒜、白糖、醋、酱油、料酒、味精、精盐、湿淀粉、葱、姜、植物油各适量

## 操作步骤

①蒜、姜切末，葱切葱花；肉丸放热水里稍煮一小会儿。

②将酱油、醋、白糖、料酒、味精、精盐、湿淀粉，放入碗中调匀，制成鱼香汁。

③锅烧热后倒入油，放入姜末、蒜末炒香，倒入豆瓣酱，炒出香味后，倒入少许水，倒入肉丸子炒匀，再倒入事先调好的鱼香汁，大火煮至收汁，撒上葱花即可。

## 操作要领

将肉丸先煮一会儿，是因为鱼肉不容易炒熟。

## 营养贴士

肉丸可通乳生乳、补血益气、健脑、益乳、健脾、强筋、壮骨、通血。

视觉享受：★★★  味觉享受：★★★  操作难度：★

# 鱼香油菜

TIME 20分钟

菜品特点
颜色翠绿
营养美味

**主料：** 油菜 500 克

**配料：** 蒜、白糖、醋、酱油、鸡粉、精盐、淀粉、姜、豆瓣酱、高汤、植物油各适量

## 操作步骤

①蒜、姜切末；油菜洗净，用热水烫一下，对切成两半。

②将酱油、醋、白糖、鸡粉、精盐、淀粉放入碗中调匀，制成鱼香汁。

③锅烧热后倒入植物油，放入姜末、蒜末炒香，倒入豆瓣酱，炒出香味后，倒入高汤，放入油菜炒匀，再倒入事先调好的鱼香汁，大火煮至收汁即可。

## 操作要领

豆瓣酱最好事先切碎。

## 营养贴士

油菜具有活血化瘀、降低血脂等功效。

---

**主料：** 猪排骨 500 克

**配料：** 泡山椒、红辣椒段、蒜茸、味精、精盐、料酒、生粉、五香粉、吉士粉、汾酒、面粉、小苏打、植物油各适量

## 操作步骤

①猪排骨洗净斩成块，用精盐、味精、小苏打、汾酒、吉士粉、面粉、生粉腌好；泡山椒剁碎。

②锅中倒入植物油烧热，将腌好的猪排放进锅里面炸熟后捞出，控油待用。

③另起锅注入植物油烧热，放入红辣椒段、蒜茸、精盐、料酒和肉排一起翻炒至入味后出锅摆盘。

④锅中留底油，放入切碎的泡山椒翻炒至出辣味后，盛出淋在排骨上即可。

## 操作要领

山椒特别辣，放的时候注意适量。

## 营养贴士

排骨有很高的营养价值，具有滋阴壮阳、益精补血等功效。

视觉享受：★★★★★  味觉享受：★★★  操作难度：★★

# 山椒焗肉排

TIME 35分钟

菜品特点
外酥里嫩
气味芳香

# 酸萝卜炖猪蹄

视觉享受：★★★★
味觉享受：★★★★
操作难度：★★★

TIME 120分钟

菜品特点
制作简单
口感良好

⊃ **主料：** 猪蹄2只，酸萝卜1个

⊃ **配料：** 西红柿1个，花椒10粒，老姜、精盐、味精、白酒、冰糖、白胡椒粉各适量

### 🔄 操作步骤

①猪蹄去毛、洗净，剁成2厘米的段状备用，西红柿切片，酸萝卜切片。

②锅中注水，放入猪蹄、老姜、白酒、精盐，煮开后捞出过凉水。

③另起锅注水，放入刚焯过的猪蹄、老姜煮开，撇去浮沫，然后放入花椒、酸萝卜片、西红柿片、精盐、味精、冰糖和白胡椒粉，盖上锅盖，转文火慢炖90分钟即可。

### 🍴 操作要领

如果喜欢辣的，可以在最后放一些野山椒一起炖。

### 👉 营养贴士

此菜具有下气消食、除痰润肺、抗衰老等功效。

视觉享受：★★★★ 味觉享受：★★★★ 操作难度：★★

# 烧羊里脊

**TIME** 30分钟

**菜品特点**
香酥适口
口味独特

**主料：** 羊里脊肉 500 克

**配料：** 食用油、鸡蛋清、洋葱、青椒粒、红椒粒、面粉、胡椒粉、葱末、姜末、精盐、酱油、鸡精、料酒、香油各适量

## 操作步骤

①羊里脊肉洗净切小块，用精盐、酱油、料酒、葱末、姜末、胡椒粉、香油腌渍 10 分钟；洋葱切粒。
②锅中注入食用油烧热，将腌渍好的羊里脊肉裹一层面粉，再在鸡蛋清里蘸一下，放入锅中，炸至变色后取出控油。
③锅中留底油，下葱末、姜末、洋葱粒、青椒粒、红椒粒爆香，加入料酒、鸡精、精盐、胡椒粉和少许水，放入羊肉翻炒均匀，淋香油出锅即可。

## 操作要领

羊里脊肉要腌渍入味，做出来才好吃。

## 营养贴士

羊肉具有补肾壮阳、补虚温中等作用，男士适合经常食用。

---

**主料：** 山蜇菜 100 克，五花肉 50 克

**配料：** 大蒜苗、洋葱各 10 克，红杭椒 15 克，姜末、蒜片各 5 克，香醋 6 克，红油、葱油各 10 克，老抽 3 克，鸡精 5 克，生抽、麻油各 5 克，十三香 4 克，猪油 15 克

## 操作步骤

①五花肉切 2 厘米厚的片；红杭椒切丁；洋葱切成丝，摆入干锅；大蒜苗斜切成段待用。
②锅上火，入猪油烧至五成热，放入姜末、蒜片，中火爆香，放入五花肉片煸炒出香，烹入老抽、生抽、香醋调味，放红杭椒丁炒香。
③倒入干蜇菜翻炒均匀，加鸡精、蒜苗、十三香，淋入红油，最后浇葱油起锅，装入垫有洋葱丝的干锅内，淋麻油上桌即可。

## 操作要领

在炒制干锅时，不能久炒，要适当地加一点水，保持山蜇菜不至于软绵。

## 营养贴士

山蜇菜具有健胃、利尿、补脑、安神、解毒、减肥、防癌、抗癌等功效。

视觉享受：★★★★ 味觉享受：★★★ 操作难度：★★

# 土家干锅脆爽

**TIME** 35分钟

**菜品特点**
香辣脆爽
后味悠长

# 蒜黄肚丝

TIME 15分钟

菜品特点
蒜香四溢
口味独特

> **主料：** 蒜黄 200 克，猪肚 300 克
> **配料：** 葱末、姜末、蒜末、精盐、生抽、植物油各适量

## 操作步骤

①蒜黄洗净切段；猪肚洗净，用沸水煮一下，捞出控干后切丝。

②锅中倒油烧热，加入葱末、姜末、蒜末爆香，放肚丝煸炒至断生，加蒜黄段一起煸炒至熟，出锅前加上精盐、生抽调味即可。

## 操作要领

猪肚一定要内外翻洗干净，否则会有异味。

## 营养贴士

蒜黄中含有的大蒜素具有杀菌防腐的作用，经常食用可以减少体内病菌感染。

视觉享受：★★★★　味觉享受：★★★　操作难度：★★

# 砂锅炖羊心

TIME 45 分钟

菜品特点
汤鲜菜嫩
香浓味美

> ➡ **主料：** 羊心 500 克
> ➡ **配料：** 水发香菇 75 克，油菜心 40 克，葱段 15 克，姜块 10 克，料酒、香油各 15 克，酱油 8 克，精盐、味精、白糖各 3 克，鸡精 5 克，胡椒粉 1 克，鲜汤 500 克

## 🥢 操作步骤

①将羊心洗净，切成片，锅内加水烧开，下羊心片焯去血污捞出；油菜心洗净焯水。

②砂锅内加葱段、姜块、料酒、酱油、精盐、鸡精、白糖、鲜汤烧开，下羊心片，炖至七成熟。

③下入香菇继续炖至羊心片熟烂，下入油菜心、味精、胡椒粉、香油烧开即成。

## 💧 操作要领

步骤②里，加入羊心片后，要用小火炖，不然营养会流失。

## 👉 营养贴士

羊心可解郁、补心，治膈气、惊悸。

---

> ➡ **主料：** 肋排 250 克
> ➡ **配料：** 精盐、酱油、蚝油、鸡精、糯米、胡椒粉、粽叶、糯米粉各适量

## 🥢 操作步骤

①肋排斩小段，用精盐、酱油、蚝油、鸡精腌上 30 分钟；糯米碾碎撒少许精盐和胡椒粉拌匀。

②将腌好的肋排放到糯米碎里面滚一下，粘满糯米粉后用粽叶卷起，拿线扎好放入蒸锅中，用大火蒸 1 小时即可。

## 💧 操作要领

如果没有碾糯米的工具，可以直接买已经碾好的。

## 👉 营养贴士

肋排有补肾养血、滋阴润燥的功效。

视觉享受：★★★★★　味觉享受：★★★　操作难度：★

# 粽香肋排

TIME 80 分钟

菜品特点
软糯可口
香味浓郁

# 香辣肥肠

视觉享受 ★★★
味觉享受 ★★★★★
操作难易 ★

TIME 40分钟

菜品特点
润肺爽口
营养丰富

➡ **主料:** 肥肠 500 克

👉 **配料:** 红辣椒 100 克,蒜、姜、花椒、料酒、精盐、酱油、白糖、鸡精、食用油各适量

## 🍳 操作步骤

①肥肠洗净;红辣椒切段;姜、蒜切片。

②锅中放水,放入洗净的大肠,再放入料酒、姜片煮至沸腾,取出大肠;锅中重新放水,加姜片、料酒,再将大肠放入锅中,将大肠煮软,取出晾凉后切成 5 厘米长的段备用。

③锅中倒入食用油烧至六成热,倒入大肠,放精盐,转中火将水分慢慢煸干至大肠有些干,盛出备用。

④锅中留底油,放入姜片、蒜片翻炒出香味,倒入红辣椒段和花椒,转中火翻炒至辣椒有一点点变色,倒入大肠继续翻炒一小会儿,放入料酒、酱油、白糖、鸡精继续翻炒至辣椒变成暗红色后,关火盛出装盘即可。

## ⚓ 操作要领

在沸水中加入姜片是为了去除大肠上的腥味。

## 👉 营养贴士

猪大肠有润燥、补虚、止渴、止血的功效,可用于治疗虚弱、口渴、脱肛、痔疮、便血、便秘等症。

**视觉享受：★★★★ 味觉享受：★★★ 操作难度：★★**

# 酸菜炒牛百叶

TIME. 20 分钟

菜品特点
美观可口
口感劲脆

➡️ **主料：** 牛百叶 500 克

➡️ **配料：** 酸菜、泡椒、干辣椒、精盐、味精、食用油、蒜各适量

## 🔄 操作步骤

①牛百叶洗净焯水，切细条；酸菜切成条；泡椒切段；干辣椒切丝；蒜切末。

②锅中倒油烧热后，下干辣椒丝和蒜末爆香，加入酸菜条翻炒一小会儿，再加入切好的牛百叶，大火爆炒至熟。

③加入泡椒段、少许精盐和味精，翻炒均匀即可。

## 🔵 操作要领

牛百叶要反复搓洗干净。

## 👉 营养贴士

牛肚含蛋白质、脂肪、钙、磷、铁、硫胺素、核黄素、尼克酸等，具有补益脾胃、补气养血、补虚益精、消渴、风眩等功效。

---

➡️ **主料：** 猪舌头 1 个

➡️ **配料：** 精盐、酱油、葱段、姜片、蒜瓣、八角、食用油、辣椒油、香油、花椒、葱花各适量

## 🔄 操作步骤

①将猪舌洗净，投入开水锅中煮 10 分钟左右，取出，用刀把舌上白皮（即舌苔）刮去。

②锅置火上，倒入食用油烧热，加精盐、酱油、葱段、姜片、蒜瓣，放入八角、花椒（装入布袋扎好），加水烧开后，撇去浮沫，再煮 20 分钟左右，烧出香味后，把洗净的猪舌下入烧开，改用小火，加盖卤煮约 30 分钟，卤至猪舌软嫩入味，取出晾凉，切片，放在盘中，将辣椒油、酱油、香油、精盐、味精调和在一起，浇在猪舌上拌匀，撒上葱花即可。

## 🔵 操作要领

猪舌做之前一定不要嫌麻烦，要一步一步地处理干净。

## 👉 营养贴士

猪舌性平，味甘、咸，具有滋阴润肺等功效。

**视觉享受：★★★ 味觉享受：★★★★★ 操作难度：★★**

# 红油口条

TIME. 80 分钟

菜品特点
鲜辣味浓
入口醇香

# 麻辣里脊片

TIME 20分钟

视觉享受 ★★★★
味觉享受 ★★★★
操作难度 ★★

菜品特点
麻辣鲜香
操作简易

**主料:** 里脊肉500克

**配料:** 鲜汤、竹笋、淀粉、蛋清、姜末、辣椒、麻椒、味精、花椒粉、酱油、白糖、豆瓣酱、红油、植物油各适量

## 操作步骤

①将里脊肉切成大薄片,加酱油、蛋清、淀粉抓匀;竹笋洗净焯水过凉,切条;姜切末;辣椒切碎。

②将酱油、白糖、花椒粉、姜末、味精、淀粉、鲜汤调成芡汁。

③锅内倒入植物油烧至四成热,下入肉片滑散至熟倒出,再下入竹笋条、辣椒碎、麻椒、豆瓣酱,烹入芡汁,淋上红油即可。

## 操作要领

如果不喜欢竹笋,也可以根据自己的口味加别的。

## 营养贴士

猪肉具有补虚强身、滋阴润燥、丰肌泽肤等功效。

62

## 麻辣排骨

视觉享受：★★★★  味觉享受：★★★★  操作难度：★★★

TIME 60 分钟

菜品特点
外焦里嫩
鲜美多汁

● **主料：** 猪小排 500 克

● **配料：** 花椒、干红椒段、葱段、姜片、蒜、生抽、精盐、糖、白胡椒粉、五香粉、干淀粉、蚝油、料酒、植物油各适量

### 操作步骤

①排骨洗净，剁成小块，放入大碗中，加入植物油、生抽、精盐、糖、白胡椒粉、五香粉、蚝油、干淀粉、姜片、料酒拌匀，腌制约 1 小时左右。

②蒸锅中放入排骨，蒸约 40 分钟左右取出，用厨房纸巾吸干表面的汤汁。

③锅内倒入植物油烧热，放入排骨，大火炸至表面金黄色，捞出沥油。

④锅中留底油烧热，放入花椒爆香后捞出，再放入干红椒段、葱段、姜片、蒜炒香，放入排骨翻炒均匀，将排骨捡出装盘即可。

### 操作要领

排骨用胡椒粉等调料腌一会儿，可以去腥。

### 营养贴士

猪排骨具有滋阴润燥、益精补血的功效。

---

● **主料：** 猪里脊肉 500 克

● **配料：** 菠菜、木耳、豆豉酱、辣椒酱、葱、姜、蒜、花椒、淀粉、精盐、味精、糖、香油、植物油各适量

### 操作步骤

①将猪里脊肉切成片状，放入碗中，加精盐、香油、淀粉和少许水搅拌均匀腌渍；菠菜洗净切段；葱、姜、蒜切末；木耳泡发洗净，撕小朵。

②锅内倒入植物油烧热，把花椒放入锅内，等花椒变颜色后拣出，制成花椒油待用。

③在锅内放入适量的植物油，加入香油，等油热后放入姜末炒香，放入豆豉酱、辣椒酱、蒜末、花椒、葱末翻炒，加入适量的水，再放入菠菜、木耳翻炒。

④最后放入腌渍好的肉片，等肉片变成有点白时，翻一下，放入精盐、糖、味精调味，淋上一点热油即可。

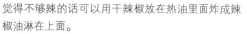

### 操作要领

觉得不够辣的话可以用干辣椒放在热油里面炸成辣椒油淋在上面。

### 营养贴士

猪肉具有补肾养血、滋阴润燥的功效。

## 冶味水煮肉

视觉享受：★★★★  味觉享受：★★★★  操作难度：★★★

TIME 30 分钟

菜品特点
香辣可口
营养丰富

# 回锅肉

视觉享受 ★★★★
味觉享受 ★★★★★
操作难度 ★★

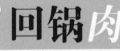
TIME 20 分钟

菜品特点
色泽红亮
肥而不腻

⊃ **主料：**五花肉 250 克，红椒 45 克，青蒜 30 克，笋 50 克
⊃ **配料：**甜面酱 20 克，豆瓣辣酱 10 克，白砂糖 8 克，味精 5 克，大豆油 30 克，精盐适量

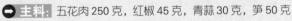

**操作步骤**

①五花肉洗净，整块放入冷水中煮约 20 分钟，捞出，待冷却后切成薄片备用；红椒洗净，去蒂去籽，切成小片；青蒜去干皮，切段；笋洗净切片。
②炒锅入油，先下肉片爆炒，见肥肉部分收缩，再放入红椒炒数下，盛出备用。
③锅中留底油，将甜面酱、豆瓣辣酱炒香，加白砂糖、味精、精盐翻炒均匀，放入炒好的肉片、红椒和笋片一起翻炒。

④起锅前加青蒜同炒，待香味散出，即可盛盘食用。

**操作要领**

把捞起的肉放在冷水里浸一浸，或把刚煮好的肉置冰箱放二三分钟，切的时候更容易。

**营养贴士**

青蒜中含有蛋白质、胡萝卜素、维生素 $B_1$、维生素 $B_2$ 等营养成分。

视觉享受：★★★★ 味觉享受：★★★★ 操作难度：★

# 鱼香肉丝

TIME 20 分钟

菜品特点
辣甜酸等
色泽红润

➡ **主料：** 瘦猪肉 300 克，青笋、木耳各 100 克

👉 **配料：** 白糖 5 克，醋、酱油各 5 克，葱花、淀粉、肉汤、泡红辣椒、姜末、蒜末、精盐、植物油各适量

## 🍳 操作步骤

①将猪肉洗净切丝，盛入碗内；青笋、木耳均切成丝。

②白糖、醋、酱油、葱花、淀粉和肉汤放同一碗内（不与肉丝混合），调成芡汁。

③炒锅上旺火，下植物油烧至六成热，下肉丝炒散，加姜末、蒜末和剁碎的泡红辣椒炒出香味，再加入青笋、木耳炒几下，然后烹入芡汁，加精盐调味，翻炒均匀即成。

## 🥄 操作要领

也可将青笋和木耳换成辣椒丝和胡萝卜丝。

## 👉 营养贴士

黑木耳含蛋白质、脂肪、多糖和钙、磷、铁等元素以及胡萝卜素、维生素 $B_1$、维生素 $B_2$、烟酸、磷脂、胆固醇等营养素。

➡ **主料：** 肘子 500 克，油菜适量

👉 **配料：** 葱 10 克，姜、蒜各 5 克，桂皮、香叶、八角、冰糖、剁椒酱、酱油、五香粉、色拉油各适量，小葱末、精盐各少许

## 🍳 操作步骤

①去掉肘子皮上残留的猪毛，放入沸水中煮几分钟，去掉污血和脏物，捞出后用刀割几道口子；油菜洗净焯熟垫盘；葱洗净切段；姜、蒜切片。

②锅内倒水烧沸，放入适量葱、姜和香叶，将处理好的肘子煮到七八成熟，捞出，上蒸锅蒸 90 分钟。

③炒锅中倒入适量色拉油烧热，入葱、姜、蒜炒香，放入桂皮、香叶、八角翻炒，加适量水，放入冰糖、五香粉、酱油、剁椒酱、精盐，小火慢慢烧煮，剩一碗汤汁时关火。

④肘子蒸好后放入垫有油菜的盘中，浇上烧好的汤汁，撒上小葱末即可。

## 🥄 操作要领

烧汤汁时，要用小火，烧大约 40 分钟，以烧 40 分钟后剩一小碗为宜。

## 👉 营养贴士

猪肘具有和血脉、润肌肤、填肾精、健腰脚的功效。

视觉享受：★★★★ 味觉享受：★★★ 操作难度：★★★★

# 东坡肘子

TIME 120 分钟

菜品特点
肥而不腻
软糯可口

# 锅巴肉片

TIME 20分钟

菜品特点
色彩鲜艳
营养丰富

视觉享受：★★★★
味觉享受：★★★★★
操作难度：★★

**主料：** 米饭1碗，猪里脊肉1块

**配料：** 油菜1棵，精盐3克，生粉20克，黑木耳、西红柿、冬笋、香菇、植物油各适量，葱末、姜末、料酒、胡椒粉各少许

## 操作步骤

①将米饭平摊在烤盘中，放在阳光下晒干后，切成小块，放入油锅中炸至金黄色后捞出备用；木耳、西红柿、冬笋、香菇，处理好后切片；油菜洗净焯熟，和锅巴一起摆入盘中。

②里脊肉切片装碗内，加精盐、料酒、生粉等调味料搅拌均匀后腌渍；冬笋凉水下锅焯烫，再加入黑木耳一起焯水，至断生捞出，沥干水分。

③烧热锅，放入适量的油，入葱末、姜末爆香，下入肉片翻炒，变色后加入西红柿翻炒几下，下入焯过水的冬笋、黑木耳继续炒，倒入加了食盐和胡椒

粉的水淀粉，煮2分钟左右。

④将炒好的黑木耳、冬笋、肉片同汤汁一起倒在炸好的锅巴上即可。

## 操作要领

米饭平摊在烤盘或案板上放在阳光下晾晒，也可以放入烤箱中将其水分烤干，这样处理过的米饭才能放入油锅中炸成锅巴。

## 营养贴士

里脊肉有补肾养血、滋阴润燥的功效。

 **青芥美容兔**

 操作难度：★★

 菜品特点
色泽橙红
滑嫩爽口

**主料：** 兔肉500克

**配料：** 青芥末少许，萝卜干、八角、香叶、酱油、精盐、花椒水、味精、姜片、高汤、植物油、红油各适量

## 操作步骤

①兔肉洗净放入锅中，放入八角、香叶、精盐、花椒水、味精、姜片煮熟，捞出切块摆盘。

②锅里倒入植物油，加入高汤，挤出青芥末放在里面，搅拌均匀，放入红油烧热，盛出淋在兔肉上。

③将萝卜干切碎，撒在兔肉上即可。

## 操作要领

青芥末很辣，注意用量。

## 营养贴士

兔肉性平，味甘，含蛋白质多，脂肪少，胆固醇低，对老年人和肥胖症、高血压、冠心病、糖尿病的患者都非常有益。

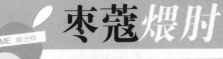 枣蔻煨肘

TIME 90分钟

菜品特点
和简健脾
气呼齐齐水

➡ **主料：** 猪肘 1 个

👉 **配料：** 大枣 60 克，红豆蔻 12 克，冰糖 180 克

## 🔄 操作步骤

①红豆蔻放入纱布袋中扎口；大枣去核。

②将猪肘放入砂锅内，加水，武火烧沸，撇去浮沫。

③另取一炒锅放一半的冰糖炒成深黄色糖汁，连同其余冰糖、红豆蔻、大枣加入装有猪肘的砂锅内烧1 小时，用文火慢煨至肘子熟烂即可。

## 🎵 操作要领

为方便食用，处理大枣时应将枣核去除。

## 👉 营养贴士

红豆蔻有清热解毒、健脾益胃、利尿消肿、通气除肿等功效。

美味川菜

★★★★★

# 营养禽蛋

★★★★★

# 各种材料

## 鸡肉

**性味：**温，甘。

### 挑选方法与储存

一般来说，新鲜卫生的鸡肉块大小不会相差特别大，颜色会是白里透着红，看起来有亮度，手感比较光滑。

### 适宜人群

一般人群均可食用，老人、病人、体弱者更宜食用。患有感冒发热、肥胖症、高血压、血脂偏高、胆囊炎、胆结石症的人忌食。

### 烹饪技巧

先把姜切成末，腌渍10分钟，鸡肉中的怪味就没有了。

### 挑选方法与储存

选购时如果鸭肠色泽变暗，呈淡绿色或灰绿色，组织软，无韧性，黏液少且异味重，说明质量欠佳，不宜选购。

### 适宜人群

一般人群均可食用。

### 烹饪技巧

鲜鸭肠不宜长时间保鲜，家庭中如果暂时食用不完，可将剩余的鲜鸭肠收拾干净，放入清水锅内煮熟，取出用冷水过凉，再擦净表面水分，要保鲜袋包裹成小包装，直接冷藏保鲜，一般可保鲜 3~5 天不变质。

## 鸭肠

**性味：**寒，甘。

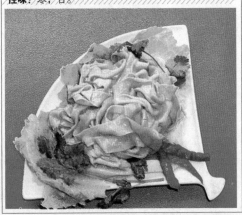

# 鸭血

**性味：**咸，寒。

## 挑选方法与储存

鲜红色的就说明鸭血很好，如果带乌色就说明不好。

### 适宜人群

一般人都均可食用。

贫血患者、老人、妇女和从事粉尘、纺织、环卫、采掘等工作的人尤其应该常吃。

### 烹饪技巧

常见做法：鸭血粉丝、毛血旺。

## 挑选方法与储存

蛋壳上附着一层霜状粉末，蛋壳颜色鲜明，气孔明显的是鲜蛋；陈蛋正好与此相反，并有油腻。

### 适宜人群

一般人都适合，更是婴幼儿、孕妇、产妇、病人的理想食品。

### 烹饪技巧

鸡蛋吃法多种多样，就营养的吸收和消化率来讲，煮蛋为100%，炒蛋为97%，嫩炸为98%，老炸为81.1%，开水、牛奶冲蛋为92.5%，生吃为30%～50%。

# 鸡蛋

**性味：**甘，平。

# 鸭肉

**性味：** 甘、咸，微凉。

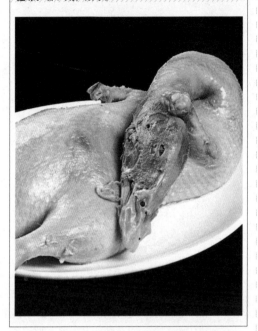

## 挑选方法与储存

选购鸭肉时先观色，鸭的体表光滑，呈乳白色，切开后切面呈玫瑰色，表明是优质鸭；如果鸭皮表面渗出轻微油脂，可以看到浅红或浅黄颜色，同时内部的切面为暗红色，则表明鸭的质量较差。

## 适宜人群

适用于体内有热、上火的人食用；发低热、体质虚弱、食欲不振、大便干燥和水肿的人，食之更佳。

## 烹饪技巧

烹调时加入少量盐，肉汤会更鲜美。

## 挑选方法与储存

色泽鲜艳，不是特别大的为上品。

## 适宜人群

一般人群均可食用。

## 烹饪技巧

凉拌、煎炒都可以，但是一定要清洗干净。

# 鸡肫

**性味：** 甘，寒。

# 皮蛋

**性味:** 辛、涩, 甘、咸。

## 挑选方法与储存

鹌鹑蛋的外壳为灰白色, 还有红褐色的和紫褐色的斑纹, 优质的鹌鹑蛋色泽鲜艳、壳硬, 蛋黄呈深黄色, 蛋白黏稠。

## 适宜人群

一般人均可食用。

尤其适宜婴幼儿、孕产妇、老人、病人及身体虚弱的人食用; 脑血管病人不宜多食鹌鹑蛋。

## 烹饪技巧

煮鹌鹑蛋时火不要太大, 中火即可, 以免破裂, 将煮好的蛋放入冷水中浸泡一会儿, 比较容易剥壳。

# 鹌鹑蛋

**性味:** 甘, 平。

## 挑选方法与储存

用手取松花蛋, 放在耳朵旁边摇动, 品质好的松花蛋无响声, 质量差的则有声音, 而且声音越大质越差, 甚至是坏蛋或臭蛋。

## 适宜人群

一般人都可以吃。

## 烹饪技巧

去壳方法: 松花蛋只需将蛋的大头剥去泥和壳, 再往小的一头敲一个小孔, 然后用嘴往小孔内吹气, 整个蛋会自然脱落。

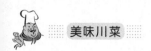 

# 重庆辣子鸡

视觉享受 ★★★★
味觉享受 ★★★★
操作难度 ★★

菜品特点
营养丰富
爽口下饭

**主料：** 整鸡 1 只

**配料：** 花椒、干辣椒、葱、熟芝麻、精盐、味精、料酒、食用油、姜、蒜、白糖各适量

## 操作步骤

① 将鸡切成小块，放盐和料酒拌匀后，放入八成热的油锅中，炸至外表变干成深黄色后捞起待用；葱切成 3 厘米长的段；姜、蒜切片。

②锅里烧油至七成热，倒入姜片、蒜片炒出香味后，按 4:1 的比例倒入干辣椒和花椒，翻炒至出辣味，倒入炸好的鸡块炒匀，撒入葱段、味精、白糖、熟芝麻，炒匀后起锅即可。

## 操作要领

炸鸡前在鸡肉中撒入适量的精盐，可以让鸡肉更好得入味。

 **营养贴士**

鸡肉对营养不良、畏寒怕冷、乏力疲劳、月经不调、贫血、虚弱等有很好的食疗作用。

视觉享受：★★★★　味觉享受：★★★★★　操作难度：★★

# 干茄子焖鸡片

TIME 25分钟

菜品特点
鲜香爽口
营养全面

🔴 **主料：** 鸡片 200 克，水发干茄子 150 克
🔵 **配料：** 红椒、青椒各 10 克，姜片、清汤、精盐、干辣椒、豆豉、辣妹子辣酱、味精、淀粉、生抽、猪油各适量

## 🥢 操作步骤

①水发干茄子改刀切小片；青椒、红椒切菱形片，分别焯水；干辣椒切段。
②鸡片加精盐、淀粉拌匀，入沸水焯至断生，待用。
③锅中放猪油烧热，下姜片、豆豉、干辣椒段、辣妹子辣酱、干茄子炒香，加适量清汤，改小火焖至茄子松软，下鸡片、青椒、红椒，加精盐、味精、生抽调味，大火收汁即可。

## 🥄 操作要领

如果没有干茄子也可用新鲜茄子代替，但味道没有用干茄子做的好吃。

## 👉 营养贴士

茄子含有蛋白质、脂肪、碳水化合物、维生素以及钙、磷、铁等多种营养成分，常吃茄子，可使血液中胆固醇含量不至于增高。

🔴 **主料：** 鲜鸭肠 500 克，猪五花肉 30 克
🔵 **配料：** 干辣椒 10 克，花生油、黄酒、辣椒油、花椒油、豆豉、大葱、精盐、味精、白糖各适量

## 🥢 操作步骤

①鸭肠洗净，放热水里，焯至变色时，捞出晾凉，切成小段后待用。
②五花肉切丁；干辣椒切条，大葱对半剖开，然后切段。
③炒锅中倒入花生油烧热，放入辣椒油、干辣椒、大葱、豆豉一起炒至出香味，下入五花肉，烹入黄酒一起炒香。
④将准备好的鸭肠放入锅中，加入精盐、味精、白糖，烧 5 分钟左右后出锅盛盘，最后滴入花椒油即可。

## 🥄 操作要领

花生油不用放太多，因为五花肉炒后会出油，太油腻了对身体不好。

## 👉 营养贴士

鸭肠富含蛋白质、B 族维生素、维生素 C、维生素 A 和钙、铁等微量元素，对人体新陈代谢，神经、心脏、消化和视觉的维护都有良好的作用。

视觉享受：★★★★　味觉享受：★★★　操作难度：★★

# 干烧鸭肠

TIME 20分钟

菜品特点
色泽鲜艳
美味可口

# 红焖鸭翅

TIME 30 分钟

视觉享受：★★★★
味觉享受：★★★
操作难度：★★

**菜品特点**
颜色鲜艳
营养丰富

**主料：** 鸭翅 300 克

**配料：** 葱段、姜片、蒜片、花椒粉、料酒、酱油、茴香、精盐、鸡精、糖、植物油各适量

 **操作步骤**

①将鸭翅洗净放入沸水锅中，加入葱段、姜片、蒜片、花椒粉、鸡精、料酒、酱油、茴香、精盐等，用小火煨透。

②锅中倒入植物油加热，放入少许糖，熬成糖浆，倒入煨好的鸭翅翻炒，加入少许水，小火炖 20 分钟左右添加鸡精，翻匀即可。

**操作要领**

鸭翅不宜煮太烂。

**营养贴士**

鸭翅可大补虚劳、滋五脏之阴、清虚劳之热、补血行水、养胃生津、消螺蛳积、清热健脾；治疗身体虚弱、病后体虚、营养不良性水肿。

视觉享受：★★★★ 味觉享受：★★★★ 操作难度：★

# 辣子鸡翅

**TIME** 20分钟

菜品特点
口感丰富
美味独特

- **主料：** 鸡翅 500 克
- **配料：** 干辣椒 100 克，姜、葱、花椒、蜂蜜、生抽、精盐、白糖、植物油各适量

## 🍳 操作步骤

①干辣椒去籽切小段；姜切片；葱一半切段，一半切葱花。
②鸡翅拆成翅尖、翅中、翅根三段，将鸡翅放到装有葱花、蜂蜜、生抽、姜片的碗里腌渍 30 分钟。
③锅内热油，放入姜片、葱段、白糖，颜色变深后放入鸡翅。
④鸡翅上色后放入干辣椒段、花椒，加入 1 碗水，水干后出现油煎的声音时，再煎 2 分钟，加精盐调味即可。

## 🔥 操作要领

选大的鸡翅做这道菜儿味会更好。

## 👉 营养贴士

鸡翅具有温中益气、补精添髓、强腰健骨等功效。

- **主料：** 鸡胗 500 克
- **配料：** 干辣椒 50 克，蒜、姜、香菜各少许，精盐、味精、植物油各适量

## 🍳 操作步骤

①鸡胗洗净切片；蒜、姜切末；香菜、干辣椒切段。
②锅内倒油烧热，放入蒜末、姜末、干辣椒段炒香，加入鸡胗翻炒至熟，最后加入精盐、味精调味，出锅前撒上香菜段即可。

## 🔥 操作要领

鸡胗可以先在热水中加料酒焯一下，以便去除鸡胗的腥味。

## 👉 营养贴士

鸡胗可以消食健胃、涩精止遗。

视觉享受：★★★★ 味觉享受：★★★ 操作难度：★

# 麻辣煸鸡胗

**TIME** 15分钟

菜品特点
麻辣爽口
肉质脆嫩

TIME 30 分钟

菜品特点
麻辣熟脆
脆嫩鲜香

# 麻辣鸭肠

视觉享受：★★★★
味觉享受：★★★
操作难度：★★

**主料：** 鸭肠 500 克

**配料：** 豆芽 150 克，葱、姜、蒜各少许，花椒、酱油、辣椒酱、湿淀粉、清汤、料酒、醋、胡椒粉、精盐、植物油、香菜段各适量

## 操作步骤

①将鸭肠洗净后用开水把鸭肠迅速烫透，捞出散开晾凉，再切成 5 厘米长的段；葱剖开切 2 厘米长的段；姜、蒜切片；豆芽洗净，用热水焯一下，放在盘底。

②用酱油、湿淀粉、料酒、醋、胡椒粉和清汤兑成汁。

③锅烧热注入植物油，先把花椒炸香后捞出，再下入辣椒酱，然后下鸭肠、葱段、姜片、蒜片翻炒，将兑好的汁倒入，待汁烧开时，放入精盐再翻炒几

下，撒上香菜段，盛出放在豆芽上即可。

## 操作要领

洗鸭肠的方法：将鸭肠放在一个容器中，用盐揉搓掉肠液，再用水漂洗干净。

## 营养贴士

鸭肠富含蛋白质、B 族维生素、维生素 C、维生素 A 和钙、铁等微量元素。

视觉享受：★★★★　味觉享受：★★★　操作难度：★★

# 酸辣凤翅

TIME 20分钟

菜品特点
口意浓特
酸辣可口

**主料：** 鸡翅膀2只

**配料：** 酸泡菜、鲜红辣椒、水发玉兰片各50克，水发香菇若干，醋、精盐、酱油、食用油、味精、绍酒、青蒜、葱结、姜片、生粉、香油各适量

## 操作步骤

①将鸡翅膀放入滚水中烫过，从中间骨节处剁成两段；红辣椒切片；酸泡菜切碎；香菇去蒂；青蒜切成米粒状。
②取瓦钵1只，用竹箅子垫底，依次放入鸡翅膀、醋、精盐、酱油、绍酒、葱结、姜片和适量的水，放大火上煮沸，再改用小火煨1小时，至鸡翅膀柔软离火，去掉葱、姜，取出竹箅子。
③锅中倒入食用油烧至七成熟，先下玉兰片、鲜红椒片、香菇，再加精盐、酱油煸炒，约30秒钟后，加入酸泡菜翻炒几下，接着倒入瓦钵内的鸡翅膀和原汤，炒匀后放入青蒜、味精，用生粉水勾芡，淋入香油即可。

## 操作要领

鸡翅膀不宜煮太烂，会影响口感。

## 营养贴士

鸡翅有温中益气、补精添髓、强腰健胃等功效。

**主料：** 鸡蛋3个

**配料：** 白糖5克，鲜木耳、麻油各少许，肉馅、辣豆瓣酱、精盐、生抽、老抽、蚝油、醋、姜、葱、蒜、植物油、淀粉各适量

## 操作步骤

①精盐、淀粉、生抽、老抽、蚝油、醋、白糖、麻油加适量水调成汁备用；鲜木耳洗净撕小朵；葱切花；姜、蒜切末。
②把鸡蛋打在碗里后，放入精盐、香油搅匀，入蒸锅蒸熟。
③炒锅中倒入植物油烧热，放肉馅炒熟，再放入姜末、蒜末爆香后，加郫县豆瓣酱翻炒，加入木耳一同翻炒，最后放入事先调好的调味汁和葱花翻炒均匀，浇在蒸蛋上面即可。

## 操作要领

因为豆瓣酱有咸味，所以加盐时要注意适量。

## 营养贴士

蛋黄中含有丰富的卵磷脂、固醇类、蛋黄素以及钙、磷、铁、维生素A、维生素D及B族维生素。

视觉享受：★★★★★　味觉享受：★★★　操作难度：★

# 鱼香蒸蛋

TIME 30分钟

菜品特点
酸辣可口
口感丰富

TIME 15分钟

# 子姜炒鸭丝

视觉享受：★★★★
味觉享受：★★★★
操作难度：★

▶ **主料：** 熏鸭1只（约600克），嫩子姜100克

☞ **配料：** 豆芽、大红甜椒各50克，酱油15克，白糖5克，味精1克，麻油10克，熟菜油100克

## 🔄 操作步骤

①选购颜色棕红、香味纯正的熟烟熏鸭子1只，剔除全部骨架，留净肉300克，切成丝；甜椒、嫩子姜切成细丝。

②锅置旺火上，下菜油烧至六成热，放入鸭丝进行爆炒，再加姜丝、甜椒丝炒出香味，加入豆芽炒至断生，加入糖、味精、酱油翻炒均匀入味，最后淋入麻油起锅盛盘即成。

## 🍴 操作要领

要想保持鸭丝完整，油温要高、翻炒要快速、起锅要迅速。

## ☞ 营养贴士

鸭肉中含有较为丰富的烟酸，它是构成人体内两种重要辅酶的成分之一，对心肌梗死等心脏疾病患者有保护作用。

视觉享受：★★★　味觉享受：★★★★　操作难度：★

# 鱼香鸡肝

**TIME** 20分钟

**菜品特点**
口味丰富
操作简便

➡ **主料：** 鸡肝 500 克

➡ **配料：** 葱花、豆瓣酱、蒜、白糖、醋、酱油、姜、植物油各适量

## 操作步骤

①鸡肝洗净切片；蒜、姜切末。
②取一容器，放入酱油、醋、白糖调匀成鱼香汁。
③锅烧热后倒入植物油，先放入姜末、蒜末炒香，倒入豆瓣酱，炒出香味后，倒入鸡肝片炒匀。
④再倒入事先调好的鱼香汁，大火煮至收汁，撒上葱花即可。

## 操作要领

豆瓣酱本身有咸味，所以加盐时要注意适量。

## 营养贴士

鸡肝含有丰富的蛋白质、钙、磷、铁、锌、维生素 A、B 族维生素。

➡ **主料：** 公鸡（或大笋鸡）肉 500 克

➡ **配料：** 酱油、花椒粉、葱白、白糖、盐、辣椒、熟白芝麻、味精、醋、麻酱、香油各适量

## 操作步骤

①葱白洗净，切丝排于碟边；芝麻炒香备用。
②鸡肉洗净，放入滚水中，加少许盐以慢火浸约 12 分钟至鸡熟，切块放在碟中。
③将所有调料混合成怪味汁，淋在鸡肉上，撒上熟白芝麻即可。

## 操作要领

不喜欢吃鸡皮的，可以在煮鸡之前将鸡皮去掉。

## 营养贴士

鸡肉有温中益气、补虚填精、健脾胃、活血脉、强筋骨的功效。

视觉享受：★★★★　味觉享受：★★★★　操作难度：★

# 香飘怪味鸡

**TIME** 20分钟

**菜品特点**
各味齐全
麻辣鲜香

TIME 10分钟

菜品特点
色泽美丽
鸡丝鲜嫩

辣味鸡丝

观觉享受：★★★★
味道享受：★★★★
操作难度：★★

> **主料：** 鸡脯肉 150 克，青椒 100 克
> **配料：** 精盐、料酒、味精、胡椒粉、干椒丝、姜丝、香芹段、辣椒油、植物油各适量

### 🍳 操作步骤

①鸡脯肉切丝待用；青椒洗净切丝。

②锅中倒植物油烧至四成热，下鸡丝过油炒散，待用。

③锅中留底油，下姜丝、干椒丝炒香，倒入鸡丝翻炒，加入青椒丝、香芹段翻炒片刻，加辣椒油、精盐、味精、胡椒粉、料酒翻炒均匀即可。

### 🍳 操作要领

鸡丝七成熟时再放入青椒丝。

### 👉 营养贴士

鸡脯肉有的蛋白质含量较高，且易被人体吸收、利用，有增强体力、强壮身体的功效。

视觉享受：★★★★ 味觉享受：★★★★ 操作难度：★★

# 爆炒鸡胗花

TIME 20分钟

菜品特点
香辣可口
营养开胃

➡ **主料：** 鸡胗 300 克

➡ **配料：** 花椒、葱段、姜末、蒜片、红辣椒、食用油、食盐、黄酒、鸡精、淀粉各适量

## 操作步骤

①将鸡胗表层黄色膜撕去，然后洗净切成薄片；红辣椒洗净斜切段。

②鸡胗中加入淀粉和少许黄酒上浆，时间约10分钟。

③锅中倒食用油烧热，加入花椒、葱段、姜末、蒜片爆香，倒入鸡胗翻炒，最后加入辣椒段、食盐，待炒熟出锅时加入鸡精炒匀即可。

## 操作要领

翻炒鸡胗时，以大火为佳。

## 营养贴士

鸡胗为传统中药之一，用于消化不良、遗精盗汗等症，效果极佳。

➡ **主料：** 鸡腿 2 个

➡ **配料：** 青椒、红椒各3个，鲜花椒、干辣椒、松仁、精盐、料酒、鸡精、色拉油各适量

## 操作步骤

①鸡腿洗净剁小块，用盐腌一小会儿；青椒、红椒洗净切段；干辣椒切段。

②锅中倒色拉油烧热，放入干辣椒段、鲜花椒炒香，放入鸡块翻炒一会儿，烹入料酒，继续翻炒至鸡块变色。

③加入青椒、红椒、松仁一起翻炒至入味，出锅前加入精盐、鸡精调味即可。

## 操作要领

鸡腿肉一定要选购新鲜的。

## 营养贴士

花椒性温，味辛，有温中散寒、除湿、止痛、杀虫、消宿食、止泄泻等功效。

视觉享受：★★★ 味觉享受：★★★★ 操作难度：★★

# 松仁花椒鸡

TIME 20分钟

菜品特点
椒麻肉香
口味独特

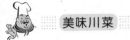

# 酸辣鸡杂

TIME 20分钟

视觉享受：★★★★
味觉享受：★★★★
操作难度：★★

菜品特点
酸辣可口
营养丰富

 **主料：** 鸡杂600克（鸡心、鸡肝、鸡胗各200克）

 **配料：** 精盐、香菜、植物油、大蒜、姜丝、红辣椒、白酒、生醋、味精各适量

### 🍲 操作步骤

①鸡杂洗净切片；红辣椒斜刀切段；香菜洗净切段。
②炒锅置火上，放鸡杂煸炒至水干，装盘备用。
③将炒锅洗净烧干水分，放入植物油加热，放入大蒜、姜丝炒香，放入鸡杂，炒至出香味时滴几滴白酒，放入生醋，将切好的红辣椒、香菜段放入锅里

一起翻炒，放精盐、味精调味，起锅装盘即可。

### 🥄 操作要领

放几滴白酒是为了去除鸡杂的腥味。

### 👉 营养贴士

鸡杂有健胃消食、润肤美肌等功效。

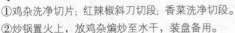

84

视觉享受：★★★★ 味觉享受：★★★ 操作难度：★★

# 宫保鸡丁

TIME 20分钟

菜品特点
香辣味浓
肉质细嫩

➡️ **主料：** 鸡胸肉300克，去皮熟花生米50克

👉 **配料：** 干辣椒20克，白糖30克，精盐、花椒、料酒、生抽各5克，生姜、蒜、醋、干淀粉各10克，小葱30克，鸡蛋清15克，味精、胡椒粉各2克，植物油适量

## 🍳 操作步骤

①鸡胸肉切丁，加干淀粉、精盐、料酒、蛋清、胡椒粉抓匀，腌渍5分钟；干辣椒切段；小葱切段；生姜切末；蒜切片；生抽、醋、白糖、味精、剩余的干淀粉、精盐加适量水调匀，制成料汁。
②锅中放少许植物油，烧至四成热时，放入鸡丁滑散，炒至表面变白盛出。
③锅内留底油，放入花椒爆香，加葱段、姜末、蒜片和干辣椒炒出香味，放入鸡丁翻炒均匀，倒入调好的料汁，大火快速炒匀，最后放花生米翻炒均匀即可。

## 🔥 操作要领

鸡丁滑炒时要大火快炒，时间不能太长以免鸡肉发柴。

## 👉 营养贴士

此菜具有增强体质、提高人体免疫力、补肾益精、增强消化能力等功效。

➡️ **主料：** 鸡胸肉500克

👉 **配料：** 鸡蛋5个，面包糠、蒜末、豆瓣酱、糖、醋、酱油、姜末、葱末、精盐、生粉、植物油各适量

## 🍳 操作步骤

①鸡胸肉洗净切片，用少量精盐和生粉稍微抓一抓，放置备用；鸡蛋打散备用；取一个大碗，倒入面包糠。
②锅中倒入植物油，油烧至六七成热，转中火，将鸡肉裹满鸡蛋液，再放入盛有面包糠的碗中，两面沾满面包糠后入油炸2~3分钟，至两面金黄，取出控油，放在盘子里。
③锅中留底油，放入蒜末、姜末、葱末爆香，放入豆瓣酱、酱油、醋、糖、精盐翻炒一小会儿，盛出淋在鸡排上即可。

## 🔥 操作要领

鸡肉片的厚度控制在1~1.5厘米左右。

## 👉 营养贴士

鸡的肉质细嫩，滋味鲜美，适合多种烹调方法，并富有营养。

视觉享受：★★★★ 味觉享受：★★★★ 操作难度：★★

# 鱼香脆鸡排

TIME 30分钟

菜品特点
鲜香脆嫩
口味十足

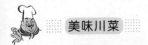 

TIME 30分钟

菜品特点
蛋香四溢
可口嫩滑

# 文蛤蒸蛋

福觉享受：★★★★
味觉享受：★★★★
操作难度：★★

➡ **主料**：鸡蛋2个，文蛤适量
🔄 **配料**：精盐、香葱各适量

## 🔄 操作步骤

①将文蛤用淡盐水养数小时，让其吐去沙子；香葱切葱花。

②鸡蛋打入碗中，加精盐打散，加入和蛋液同样多的清水搅拌均匀后倒入容器中。

③锅中烧开水，放入文蛤煮至开口捞出，将煮好的文蛤摆放在蒸蛋的容器里，用保鲜膜将容器封好，用牙签扎几个孔。

④将容器放入蒸锅中，蒸10分钟关火取出蒸蛋，撒上香葱花即可。

## 🔄 操作要领

鸡蛋一定要搅拌均匀。

## 👉 营养贴士

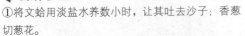

文蛤具有清热、利湿、化痰、软坚等功效；鸡蛋蛋白质的消化率在牛奶、猪肉、牛肉和大米中是最高的。

# 砂锅酒香乳鸽

TIME 30 分钟

菜品特点
滋味鲜美
肉质细嫩

➡ **主料：** 乳鸽 2 只，大白菜、粉丝、笋尖各 100 克

➡ **配料：** 精制油 50 克，味精 10 克，鸡精 20 克，姜、蒜、葱各 5 克，胡椒粉 5 克，料酒 15 克，白汤适量

## 🍳 操作步骤

①姜、蒜切片，葱切成葱花；大白菜切成 4 厘米见方的片，粉丝剪段，笋尖一分为四，均洗净，焯熟，装入砂锅待用。

②乳鸽宰杀去毛和内脏，斩成 4 厘米见方的块，入汤锅焯水捞起。

③炒锅置火上，下油加热，放姜片、蒜片、葱花、鸽肉炒香，倒入白汤，放入味精、鸡精、料酒、胡椒粉烧沸，撇尽浮沫，倒入砂锅内即可。

## 📋 操作要领

处理乳鸽时，一定要将毛去干净。

## 👉 营养贴士

鸽肉所含营养价值高，是一种无污染的生态食品。

 香辣**鸭脖**

观觉享受：★★★★
味觉享受：★★★★
操作难度：★★

TIME 45分钟

菜品特点
香鲜美味
回味十足

➡ **主料：** 鸭脖 500 克

☞ **配料：** 土豆、洋葱各 1 个，黄瓜 2 根，豆豉、葱、姜、蒜、干辣椒、精盐、胡椒粉、淀粉、植物油、熟白芝麻各适量

 **操作步骤**

①鸭脖洗净切段；土豆去皮切片；黄瓜洗净切条；洋葱切片；葱切段；姜切末；蒜切末。

②淀粉放碗里，加水，放入鸭脖裹一层薄薄的浆，取出放在烧热的油锅里炸至两面金黄，捞出。

③锅中留底油，加入葱段、姜末、蒜末、干辣椒、豆豉炒出香味，放入黄瓜、洋葱、土豆翻炒至断生，加入炸好的鸭脖翻炒至所有的材料变熟后，加精盐、

胡椒粉调味，撒上白芝麻起锅即可。

 **操作要领**

鸭脖的浆一定要薄一点，太厚了不容易熟。

☞ **营养贴士**

鸭脖本身高蛋白、低脂肪，具有益气补虚、降血脂、养颜美容等功效。

美味川菜

★ ★ ★ ★ ★

# 鲜美水产

★ ★ ★ ★ ★

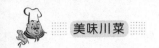 

# 各种材料

## 带鱼

**性味：** 甘，微温。

### 挑选方法与储存

    质量好的带鱼，体表富有光泽，全身鳞全，鳞不易脱落，翅全，无破肚和断头现象。

### 适宜人群

    一般人群均能食用。尤其适宜久病体虚、血虚头晕、气短乏力、食少羸瘦、营养不良之人和皮肤干燥之人食用。

### 烹饪技巧

    带鱼一般适合煎炸。

### 挑选方法与储存

    要挑选虾体完整、甲壳密集、外壳清晰鲜明、肌肉紧实、身体有弹性，并且体表干燥洁净的。一般来说，头部与身体连接紧密的，就比较新鲜。

### 适宜人群

    一般人群均可食用。

    中老年人、孕妇、心血管病患者、肾虚阳痿、男性不育症、腰脚无力之人更适合食用；同时适宜因缺钙所导致小腿抽筋的中老年人食用。

### 烹饪技巧

    虾背上的虾线，是虾未排泄完的废物，假如吃到口内会有泥腥味，影响食欲，所以应除掉。

## 虾

**性味：** 甘，温。

# 草鱼

**性味：**甘，温。

## 挑选方法与储存

眼睛饱满凸出、角膜透明清亮，鳃丝呈鲜红色，黏液透明，具有海水鱼的咸腥味或淡水鱼的土腥味的是新鲜鱼。

## 适宜人群

一般人群均可食用，尤其适宜虚劳、风虚头痛、肝阳上亢高血压、头痛、久疟、心血管病人食用。

## 烹饪技巧

草鱼要新鲜，煮时火候不能太大，以免把鱼肉煮散。

## 挑选方法与储存

眼睛凸起、澄清有光泽，活泥鳅且活动能力强的最好。

## 适宜人群

一般人群均可食用，特别适宜身体虚弱、脾胃虚寒、营养不良、小儿体虚盗汗者食用。

## 烹饪技巧

泥鳅不宜与狗肉同食，因为狗血与泥鳅相克。

# 泥鳅

**性味：**甘，平。

# 螃蟹

**性味：** 寒，咸。

## 挑选方法与储存

手感重的为肥状的蟹。此方法不适用于河蟹和活的海蟹，因为这些蟹常常会被五花大绑。

## 适宜人群

一般人群均可食用。适宜跌打损伤、筋断骨碎、瘀血肿痛、产妇胎盘残留、孕妇临产阵缩无力、胎儿迟迟不下者食用，尤以蟹爪为好。

## 烹饪技巧

蒸蟹时应将蟹捆住，防止蒸后掉腿和流黄。生螃蟹去壳时，先用开水烫 3 分钟，这样蟹肉很容易取下，且不浪费。

## 挑选方法与储存

活的鲫鱼，鳞片、鳍条完整，体表无创伤、体色青灰、体形健壮的为好鱼。

## 适宜人群

一般人群均可食用。

适宜慢性肾炎水肿、肝硬化腹水，营养不良性浮肿之人食用，适宜产后乳汁缺少之人食用，适宜脾胃虚弱、饮食不香之人食用。

## 烹饪技巧

鲫鱼肉嫩味鲜，可做粥、做汤、做菜、做小吃等，尤其适合做汤。

# 鲫鱼

**性味：** 甘，微温。

# 墨鱼

**性味**：咸，平。

## 挑选方法与储存

新鲜的墨鱼，会有蓝黑色的闪光光泽。但一经久放，就会变白，最后变红。

### 适宜人群

适宜阴虚体质，贫血，妇女血虚、闭经、带下、崩漏者食用。

### 烹饪技巧

墨鱼与南瓜搭配食用可以护眼、增进视力。

## 挑选方法与储存

挑选鲈鱼时，重量以 750 克为宜，太轻没多少肉，生长的日子不够，太重肉质粗糙。

### 适宜人群

一般人群均可食用。

适宜贫血头晕者，妇女妊娠水肿、胎动不安时食用。患有皮肤病疮肿者忌食。

### 烹饪技巧

将鱼去鳞剖腹洗净后，放入盆中，倒一些黄酒，就能除去鱼的腥味，并能使鱼滋味鲜美。

# 鲈鱼

**性味**：甘，平。

# 鱿鱼

**性味**：酸，平。

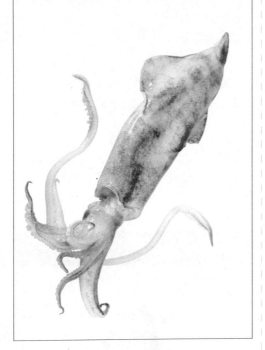

## 挑选方法与储存

优质鱿鱼体形完整坚实，呈粉红色，有光泽，体表略现白霜，肉肥厚，半透明，背部不红。

## 适宜人群

一般人群均能食用。

脾胃虚寒的人应少吃。患有湿疹、荨麻疹等疾病的人忌食。

## 烹饪技巧

鱿鱼需煮熟、煮透后再食用，因为鲜鱿鱼中有一种多肽成分，若未煮透就食用，会导致肠运动失调。

## 挑选方法与储存

新鲜的黄鱼鱼嘴比较干净，次品的鱼嘴里会比较脏，选购时可捏开嘴看一下。

## 适宜人群

一般人群均可食用。

贫血、头晕及体虚者更加适合。

## 烹饪技巧

黄鱼有大小之分，小黄鱼一般用来干炸，大的和中的一般用来炖、烧、蒸。

# 黄鱼

**性味**：平，甘。

# 扇贝

**性味：**甘，咸，平。

## 挑选方法与储存

优质扇贝色泽黄而有光泽，表面有白霜，颗粒整齐，不碎又无杂质。

### 适宜人群

一般人群均可食用。

高胆固醇、高血脂体质者，以及患有甲状腺肿大、支气管炎、胃病等疾病的人亦可食用。

### 烹饪技巧

扇贝最常用来做扇贝蒸粉丝。

## 挑选方法与储存

购买鳝鱼时一定不要挑选太粗壮的，长得太大的鳝鱼肉质老，而且也有可能是使用激素太多造成的。

### 适宜人群

老少皆宜。

身体虚弱、气血不足、风湿麻痹、四肢酸痛、糖尿病、高血脂、冠心病、动脉硬化等患者宜经常食用。

### 烹饪技巧

鳝鱼的腥味主要来自于鳝鱼身上那层滑滑的黏液，因此处理鳝鱼关键就是要去掉这层黏液。

# 鳝鱼

**性味：**甘、温。

# 白辣椒火焙鱼

TIME 30 分钟

菜品特点
营养全面
开胃下饭

观赏享受: ★★★★
味觉享受: ★★★★
操作难度: ★★

**主料:** 火培鱼 500 克

**配料:** 泡椒 100 克,青、红辣椒各 10 克,植物油、精盐、蒜、老干妈酱各适量

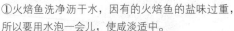
## 操作步骤

①火焙鱼洗净沥干水,因有的火焙鱼的盐味过重,所以要用水泡一会儿,使咸淡适中。

②泡椒切段;青、红辣椒切成小圆圈;蒜切成碎末状。

③锅中放植物油烧热,放入火焙鱼炸至金黄色变硬捞出备用。

④另取锅,放入油,烧至五成熟,放入辣椒、蒜粒爆香,放入老干妈酱,待辣椒炸透后放入火焙鱼一同翻炒 2 分钟左右,放精盐,待味道融合到一起即可起锅。

## 操作要领

一定要将炸鱼的锅洗净后再开始炸辣椒,以免残留的鱼渣变糊后粘锅。

## 营养贴士

经科学研究表明,火焙鱼的鱼肉中维生素 $B_2$、维生素 $B_6$ 等损失都很小,只有维生素 $B_1$ 略有损失。同时,烧烤后,鱼肉中的钙、钾、镁含量显著提高。

视觉享受：★★★★　味觉享受：★★★★　操作难度：★★

# 豆瓣鱼

TIME 25分钟

菜品特点

汁色红亮
鱼肉细嫩

**主料：** 鲫鱼 1 条

**配料：** 葱花少许，精盐 10 克，白糖、鸡精各 5 克，花椒 5 粒，葱末、姜末、蒜末、酱油、高汤、食用油、豆瓣酱、水淀粉各适量

## 🌀 操作步骤

①鲫鱼去鳞、鳃、五脏后洗净，用刀在鱼身两面划数刀，抹上少许精盐；豆瓣酱剁碎。

②炒锅中倒入食用油烧至六成热，放鱼煎至两面金黄，盛出；锅中留底油，下豆瓣酱和葱末、姜末、蒜末、花椒炒出香味。

③油呈红色时加入鸡精、酱油和高汤，放入煎好的鱼，盖上锅盖煮大约 5 分钟（中间记得加白糖）后将鱼盛到盘内，剩下的汤汁用水淀粉勾芡后淋在鱼身上，撒上葱花即可。

## 🌢 操作要领

如果喜欢吃咸点的话，可以稍微加点盐，原则上有豆瓣酱了就不需要加盐了。

## 👉 营养贴士

鲫鱼具有健脾、开胃、益气、利水、通乳、除湿的功效。

**主料：** 米饭 1 碗，活鳝鱼适量

**配料：** 青椒、红椒各 1 个，花椒 5 粒，姜末、蒜泥各少许，精盐、红油、鸡精、植物油各适量

## 🌀 操作步骤

①将米饭平摊在烤盘中，放入阳光下晾晒成小块，放入油锅中炸至金黄色后捞出备用；青椒、红椒切条。

②鳝鱼处理干净后，切段，用盐水泡一会儿，待用。

③锅中倒入植物油烧热，放入姜末、蒜泥、花椒炒香，倒入红油、鳝鱼、青椒、红椒一起炒至鳝鱼肉熟烂，加入精盐、鸡精调味。

④将锅巴放入准备好的碗中，再将炒好的鳝鱼倒入装锅巴的碗里即可。

## 🌢 操作要领

因为鳝鱼已经用盐水泡过，所以炒的时候，不用加太多的精盐。

## 👉 营养贴士

黄鳝肉性味甘、温，有补中益血、治虚损的功效，民间用它入药，治疗虚劳咳嗽、湿热身痒、痔瘘、肠风痔漏、耳聋等症。

视觉享受：★★★★　味觉享受：★★★★★　操作难度：★★

# 锅巴鳝鱼

TIME 30分钟

菜品特点

爽滑可口
肉嫩味香

# 酱焖鱼丸

视觉享受：★★★★
味道享受：★★★★
操作难度：★

菜品特点
营养美味
色泽鲜艳

⊙ **主料：** 鱼丸 500 克
⊙ **配料：** 杭椒 100 克，芹菜少许，豆瓣酱、水淀粉、植物油各适量

## 🔄 操作步骤

①杭椒洗净切段；芹菜洗净切段。

②炒锅中倒植物油烧热，放杭椒段、豆瓣酱炒香，放入芹菜翻炒。

③在锅中加少许水，水开后放入鱼丸，小火滚透，然后用水淀粉勾薄芡出锅。

## 🌶 操作要领

因为豆瓣酱和鱼丸都带有咸味，所以一般不放盐，但也可以根据个人的口味酌情添加。

## 👉 营养贴士

鱼丸营养丰富，有滋补健胃、利水消肿等功效。

98

视觉享受：★★★★★ 味觉享受：★★★★ 操作难度：★★

# 巴蜀香辣虾

TIME 40 分钟

菜品特点
烧鲜香香
滋味浓厚

> **主料：** 活对虾 500 克
>
> **配料：** 鸡蛋液、淀粉、面包糠、精盐、料酒、西芹、大葱、姜末、蒜片、蒜末、干辣椒、八角、桂皮、草果、白寇、花椒、熟芝麻、花生米（去皮）、海天虾酱、植物油、味精、鸡精各适量

## 操作步骤

①对虾处理干净，去头留壳，在背上切一刀，去虾线，用精盐、料酒腌 20 分钟，取出，蘸淀粉，再蘸鸡蛋液，再裹上面包糠，用油炸熟待用；西芹、大葱、干辣椒洗净切段。

②锅中倒植物油烧热，放入八角、桂皮、草果、白寇、花椒炒香后捞出，再下入干辣椒、葱段、姜末、蒜末和蒜片，依次下入炸熟的虾、西芹来回翻炒。

③放入海天虾酱，然后下少许味精、鸡精，继续翻炒至虾身卷曲，颜色变成橙红色，放入花生米翻炒均匀，出锅撒上熟芝麻即可。

## 操作要领

此菜品无须下盐，豆瓣里有盐。

## 营养贴士

虾含大量的维生素 $B_{12}$，同时富含锌、碘和硒，且热量和脂肪含量较低。

---

> **主料：** 鱼子 300 克，鱼鳔、鱼白各 100 克，豆腐 200 克
>
> **配料：** 干辣椒 20 克，芹菜少许，葱、姜、蒜、精盐、豆瓣酱、植物油、清汤各适量

## 操作步骤

①鱼子、鱼鳔、鱼白洗净；豆腐切块，放入开水中汆烫 1 分钟捞出；芹菜切段；葱、姜、蒜切成末。

②锅中倒植物油烧热，将鱼子、鱼鳔、鱼白分别放入锅中，再放入葱、姜、蒜、干辣椒一起煎炒，放入豆腐块略翻炒，加清汤少许，分别放入精盐、豆瓣酱，烹制 3 分钟后，盛入干锅中即可食用。

## 操作要领

煎炒鱼子时，应小火；避免粘锅，避免搅碎。

## 营养贴士

鱼子是一种营养丰富的食品，其中有大量的蛋白质、钙、磷、铁、维生素和核黄素。

视觉享受：★★★★ 味觉享受：★★★★ 操作难度：★★

# 干锅鱼杂

TIME 20 分钟

菜品特点
可口下饭
营养均衡

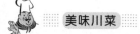 

TIME 30分钟

菜品特点
味道鲜美
简单易做

视觉享受：★★★★
味觉享受：★★★★
操作难度：★

# 辣炒 海螺肉

🔴 **主料：** 鲜海螺肉 300 克，红辣椒 200 克

🔵 **配料：** 葱末、姜末、蒜末、精盐、味精、酱油、料酒、蚝油、植物油各适量

## 🔁 操作步骤

①海螺肉洗净切片；红辣椒洗净切片。
②锅中放植物油烧热，用葱末、姜末、蒜末炝锅，
倒入蚝油，放入红辣椒煸炒，放海螺肉煸炒，依次
放料酒、精盐、酱油煸炒，最后放味精煸炒均匀出
锅即可。

## 🔊 操作要领

海螺肉入锅时要大火爆炒。

## 👆 营养贴士

海螺肉制酸、化痰、软坚、止痉，用于胃痛、吐酸、
淋巴结结核、手足拘挛。

视觉享受：★★★ 味觉享受：★★★★ 操作难度：★★

# 麻辣鳝丝

TIME 25分钟

菜品特点
香酥可口
营养丰富

➡ **主料：** 黄鳝 500 克
👉 **配料：** 辣椒粉 20 克，熟芝麻、花椒粉、精盐、酱油、植物油、淀粉各适量

## 🔄 操作步骤

①黄鳝去头，将鱼身片开，去骨切段再切丝，抹上酱油、精盐，裹上淀粉腌 10 分钟。
②锅中倒植物油烧热，将腌好的鳝丝放入锅里，炸至两面金黄时捞出控油，摆入盘中。
③在炸好的鳝丝上面撒上辣椒粉、花椒粉和熟芝麻，拌匀即可。

## 🔵 操作要领 ◀◀◀

黄鳝不宜炸得过干或太嫩，以酥软为佳。

## 👉 营养贴士

黄鳝可益气血，补肝肾，强筋骨，祛风湿。

➡ **主料：** 虾 200 克，豆腐、香菇、菠菜各 100 克
👉 **配料：** 红辣椒 5 个，葱、姜、蒜、花椒各少许，高汤、精盐、生抽、味精、植物油各适量

## 🔄 操作步骤

①虾处理干净，豆腐切块，菠菜、红辣椒洗净切段，香菇泡发洗净去蒂，葱、姜、蒜切末。
②锅中倒植物油烧热，放入葱末、姜末、蒜末、花椒爆香，倒入虾翻炒至五成熟，放入红辣椒段、菠菜、香菇一起翻炒。
③将豆腐放入锅内，加精盐、味精、生抽调味，倒入高汤煮至所有材料全熟即可。

## 🔵 操作要领 ◀◀◀

豆腐易碎，所以豆腐放入锅内后，不用翻炒，直接倒入高汤煮就可以了。

## 👉 营养贴士

菠菜具有补血止血、利五脏、通肠胃、调中气、活血脉、止渴润肠、敛阴润燥、滋阴平肝、助消化的功效。

视觉享受：★★★★ 味觉享受：★★★★ 操作难度：★★

# 麻辣蔬菜虾锅

TIME 30分钟

菜品特点
汤鲜味美
口感丰富

# 泡菜烧带鱼

视觉享受：★★★★
味觉享受：★★★★
操作难度：★★

**TIME 30分钟**

**菜品特点**
顷时酸辣
清香补脾

⊖ **主料：**冻带鱼 500 克

⊖ **配料：**泡青菜 50 克，红、黄尖椒各 1 个，酱油 6 克，精盐、味精、胡椒粉各 3 克，姜、蒜各 15 克，醋、绍酒各 5 克，熟菜油 125 克，鲜汤 100 克，葱 20克，水淀粉 30 克，胡萝卜、芹菜各少许

## 操作步骤

①带鱼用水清洗干净，去头、尾、鳍、内脏后，再清洗一次，斩成长约 3 厘米的段；红、黄尖椒去蒂去籽切段；葱切斜段；泡青菜洗净切段；姜、蒜均切薄片；胡萝卜洗净切丁；芹菜洗净切段。

②锅置旺火上，放熟菜油烧至七成热，将带鱼下锅炸至呈浅黄色捞起。

③锅中留底油 50 克，放红、黄尖椒、泡青菜、胡萝卜丁、芹菜段、姜片、蒜片炒香，加鲜汤，下带鱼，加精盐、绍酒、酱油、胡椒粉、味精，煮沸至入味，

加入少许醋，将带鱼拣出，放入盘中，锅内再淋入用水淀粉勾成的芡汁，待汁浓后加葱段，将汁淋在带鱼上即可。

## 操作要领

泡青菜一般都比较咸，在切段前应先洗一次。

 **营养贴士**

带鱼有补脾、益气、暖胃、养肝、泽肤、补气、养血、健美的功效。

# 麻辣小龙虾

视觉享受：★★★★　味觉享受：★★★★　操作难度：★★

TIME 20分钟

菜品特点
颜色鲜艳
口味正宗

**主料：** 小龙虾500克
**配料：** 生姜、大蒜、香菜、精盐、麻辣酱、鸡精、植物油各适量

## 操作步骤
①将小龙虾处理干净，生姜、大蒜切末，香菜洗净切段。
②起锅，倒植物油，放适量的姜末、蒜末，爆香后放入小龙虾，放适量的清水（以没过小龙虾为准）。
③放麻辣酱，等汁水收干一些后，放切好的香菜、精盐、鸡精，翻炒均匀即可。

## 操作要领
每一只小龙虾用牙刷刷干净，尤其是小龙虾的腹部；另外，注意把小龙虾的肠去除了。

## 营养贴士
小龙虾具有祛脂降压、通乳生乳、解毒、利尿消肿、补肾虚等功效。

**主料：** 鳝鱼500克
**配料：** 青、红辣椒各5个，姜、蒜各少许，生抽、料酒、精盐、植物油各适量

## 操作步骤
①鳝鱼处理干净切片，加入精盐、料酒拌匀，腌渍10分钟；青、红辣椒洗净切片；姜、蒜切末。
②锅中倒植物油烧热，放入姜、蒜爆香，加入鳝鱼片爆炒至八成熟。
③加入青、红辣椒、生抽翻炒至辣椒变软，最后放入精盐调味即可。

## 操作要领
在鳝鱼身上涂满盐，进行抓搓，可以去除鳝鱼身上的粘液。

## 营养贴士
购买鳝鱼时，一定要买活的。

# 辣椒炒鳝片

视觉享受：★★★★　味觉享受：★★★★　操作难度：★★

TIME 25分钟

菜品特点
鲜嫩爽口
开胃下饭

# 砂锅鱼头粉皮

视觉享受：★★★★
味觉享受：★★★★
操作难度：★★★

TIME 60分钟

菜品特点
汤鲜肉嫩
营养丰富

**主料：** 鲢鱼头 1 个

**配料：** 色拉油 100 克，香油、香醋、精盐各 5 克，味精 3 克，酱油 75 克，白糖、料酒各 10 克，豆瓣酱 25 克，湿淀粉（玉米）5 克，葱、姜各 10 克，鸡汤、粉皮、金针菇、干辣椒、花椒各适量

## 操作步骤

①鲢鱼头刮去鳞，抠去鳃，洗净，剁成块，放入少许精盐、料酒、酱油腌渍 10 分钟；金针菇洗净撕成条，与粉皮分别放在开水锅内烫透，沥去水；干辣椒切段；葱切段；姜切块拍松。

②锅内放入色拉油烧至五成热，放入鱼头，两面煎至金黄色，倒入漏勺内控净油后放入大号砂锅内垫底备用。

③锅内留底油，放入葱段、姜块、干辣椒段、花椒稍煸，倒入豆瓣酱稍煸，烹入料酒和酱油，加入鸡汤，烧开，撇去浮沫，再放入精盐和白糖，调好口味。

④把汤倒入盛鱼头的砂锅内，微火炖 35 分钟后加入味精，再放入烫过的粉皮、金针菇，略煮片刻，淋入湿淀粉勾芡，滴入香醋和香油即可。

## 操作要领

鲢鱼头要用精盐、料酒、酱油腌渍，否则有鱼腥味。

 营养贴士

本菜品有益智补脑功效，也可作为糖尿病人食谱。

视觉享受：★★★ 味觉享受：★★★★ 操作难度：★★

# 砂锅酸菜鱼

TIME 30分钟

菜品特点
鲜嫩可口
营养丰富

**➡主料：** 草鱼肉 500 克，酸菜 300 克

**👉配料：** 番茄 4 个，泡椒、姜、蒜、葱、浓白汤、精盐、鸡精、味精、红油、熟猪油、胡椒粉各适量

## 🥢 操作步骤

①番茄洗净切成片；草鱼肉处理干净，切成大片，焯沸水；葱切花；姜切片；泡椒切段。
②酸菜切碎，用熟猪油煸香，装入砂锅，加入浓白汤、番茄片、泡椒煮沸，用精盐、鸡精、味精调味后铺上草鱼片，上面撒上蒜末、葱花、姜末，淋上加热的红油，撒上胡椒粉即可。

## 🥄 操作要领 ◀◀◀

可以在草鱼片上裹上一层用鸡蛋液和淀粉制成的浆。

## 👉 营养贴士

草鱼含有丰富的不饱和脂肪酸，对血液循环有利，是心血管病人的良好食物。

**➡主料：** 鳝鱼 500 克

**👉配料：** 油菜 3 颗，大葱、姜、蒜、生抽、辣椒油、熟芝麻、精盐、味精、植物油各适量

## 🥢 操作步骤

①鳝鱼洗净，去除内脏切段；油菜洗净，对切成两半，用热水焯熟，摆在盘底；大葱切段；姜、蒜切末。
②锅中倒植物油烧热，放入葱段、姜末、蒜末爆香，倒入鳝鱼段翻炒至八成熟时，加入生抽、辣椒油、精盐、味精焖一会儿，等鱼肉完全熟透后，出锅装在摆有油菜的盘子里，撒上熟芝麻即可。

## 🥄 操作要领 ◀◀◀

鳝鱼一定要处理干净，不然不卫生。

## 👉 营养贴士

鳝鱼中含有丰富的 DHA 和卵磷脂，它是构成人体各器官组织细胞膜的主要成分，而且是脑细胞不可缺少的营养。

视觉享受：★★★★ 味觉享受：★★★★ 操作难度：★★

# 蜀香烧鳝鱼

TIME 15分钟

菜品特点
美味可口
营养全面

## 双椒小黄鱼

视觉享受：★★★★
味觉享受：★★★★★
操作难度：★★

TIME 15分钟

菜品特点
酱香美味
颜色鲜明

● 主料：小黄鱼1条，黄柿子椒1个，红尖椒3个
● 配料：香菜、姜、蒜各少许，精盐、味精、生抽、淀粉、植物油各适量

### 操作步骤

①将小黄鱼处理干净后，用精盐腌一会儿，裹上一层薄薄的淀粉；黄柿子椒、红尖椒洗净切小片；香菜去叶，洗净，切小段；姜、蒜切片。
②锅中倒植物油烧热，放入小黄鱼炸至两面金黄时捞起；锅内留底油，放姜片、蒜片入锅内爆香，加入黄柿子椒、红尖椒翻炒，最后加入生抽、精盐、味精翻炒，至入味后盛出淋在小黄鱼身上，再撒上香菜段即可。

### 操作要领

因为柿子椒和尖椒比较嫩，所以翻炒时要迅速，不然变颜色了就不好看了。

### 营养贴士

小黄鱼有健脾开胃、安神止痢、益气填精的功效。

视觉享受：★★★★ 味觉享受：★★★★ 操作难度：★★

# 芥末扇贝

TIME 15分钟

菜品特点
香辣爽口
口感独特

> **主料：** 扇贝 200 克
>
> **配料：** 芥末 100 克，酱油 8 克，醋 15 克，香油 10 克，白砂糖 8 克，姜 5 克，大葱 10 克，精盐、味精各 5 克

## 操作步骤

①扇贝洗净片成片；葱一半切段、一半切花；姜切片。

②锅内水烧开，放姜片、葱段煮出香味，捞出姜片、葱段，将扇贝片放入烫熟，捞出沥干水分，放入碗中，加少许香油拌匀。

③芥末加温水、醋、酱油、白砂糖拌匀，加盖闷 30 分钟。

④将调好的芥末汁倒入放扇贝的碗内，再加酱油、味精、精盐、香油拌匀，撒上葱花即可。

## 操作要领

扇贝里面有很多残留物，对身体不好，所以一定要冲洗干净。

## 营养贴士

扇贝肉含一种具有降低血清胆固醇作用的代尔太 7- 胆固醇和 24- 亚甲基胆固醇，它们兼有抑制胆固醇在肝脏合成和加速排泄胆固醇的独特作用。

---

> **主料：** 草鱼 1 条
>
> **配料：** 冬瓜、西红柿、水晶粉、葱、姜、蒜、精盐、白糖、鸡蛋清、湿淀粉、胡椒粉、植物油各适量

## 操作步骤

①草鱼洗净剁成块；西红柿洗净切块；冬瓜洗净切片；葱切花；姜、蒜切末；水晶粉煮熟后放入碗中。

②碗内放鸡蛋清、清水、湿淀粉拌匀成浆，将鱼块放在碗内滚一下，取出，放入热油锅内炸至金黄，捞出待用。

③坐锅点火倒植物油，下西红柿炒成酱，加入姜末、蒜末，倒入水，放入冬瓜、鱼块，加精盐、白糖、胡椒粉调味，将烧好的鱼和冬瓜取出放在水晶粉上面，浇入汤，撒葱花即可。

## 操作要领

冬瓜不要切太薄，否则容易煮烂。

## 营养贴士

对于身体瘦弱、食欲不振的人来说，草鱼肉嫩而不腻，可以开胃、滋补。

视觉享受：★★★ 味觉享受：★★★★ 操作难度：★★

# 酸汁冬瓜鱼

TIME 30分钟

菜品特点
酸辣鲜香
开胃解渴

# 香菇火腿蒸鳕鱼

视觉享受：★★★★
味觉享受：★★★★
操作难度：★★

TIME 30分钟

菜品特点
营养丰富
美味持久

**主料：** 鳕鱼1块，水发香菇2朵，金华火腿10克

**配料：** 葱1根，姜、料酒、白糖、胡椒粉、蒸鱼豉油、精盐各适量，红椒碎少许

 **操作步骤**

①将鳕鱼块冲净，用纸巾充分吸干鳕鱼表面的水分；水发香菇洗净切细丝；金华火腿切成细丝；姜切片；葱一半切成段，一半切葱花。

②将蒸鱼豉油、料酒、白糖、精盐和胡椒粉倒入一个小碗，调成味汁。

③取一个可耐高温的盘子，铺上一层香菇丝和火腿丝，放入鳕鱼块，再倒入调好的味汁，最后放上姜片和葱段备用。

④蒸锅内倒入清水，将盛放鳕鱼的盘子放在蒸架上，

盖上锅盖，大火加热至沸腾后，继续蒸5分钟，捡去葱段和姜片，撒上少许葱花和红椒碎点缀即可。

**操作要领**

如果买不到蒸鱼豉油，用等量的蚝油代替也可。

**营养贴士**

鳕鱼不仅富含普通鱼油所具有的DHA、DPA外，还含有人体所必需的维生素A、维生素D、维生素E和其他多种维生素。

视觉享受：★★★★　味觉享受：★★★★★　操作难度：★★

# 鱼腥猪肺煲

TIME 30分钟

菜品特点
清新化痰
汤鲜味浓

**主料：** 鱼腥草 15 克，猪肺 300 克

**配料：** 桑白皮 15 克，水发黑木耳 5 克，精盐、白砂糖、黄酒、肉清汤各适量

## 操作步骤

①鱼腥草、桑白皮洗净；猪肺反复洗去血沫，切块，入开水焯透。

②砂锅内放肉清汤、黄酒、白砂糖、猪肺、鱼腥草、桑白皮、水发黑木耳，用旺火烧开，撇净浮沫后继续用旺火烧至猪肺熟烂，最后用精盐调味即成。

## 操作要领

猪肺一定要处理干净。

## 营养贴士

猪肺味甘，微寒，有止咳、补虚、补肺的功效。

---

**主料：** 田鸡腿 500 克

**配料：** 酱油 25 克，小红辣椒 50 克，葱、姜、蒜、麻椒、湿淀粉、料酒、剁椒酱、醋、味精、精盐、香油、花椒粉、花生油各适量，汤少许

## 操作步骤

①葱、姜、蒜切成末；小红辣椒切段。

②用酱油、醋、味精、料酒、香油、湿淀粉和少许汤兑成汁；田鸡腿用少许精盐和酱油拌匀，腌渍 10 分钟，再用湿淀粉浆好。

③锅中倒花生油烧热，下入田腿脚炸一下即捞出，待油内水分烧干时，再下入田鸡腿重炸焦酥，呈金黄色时，倒入漏勺滤油。

④锅内留一点底油，下入葱、姜、蒜和小红辣椒段后加剁椒酱炒一下，再放入花椒粉、麻椒、田鸡腿，倒入兑好的汁炒几下，装入盘内即成。

## 操作要领

剁椒酱本身就有咸味，所以不用放精盐了。

## 营养贴士

田鸡含有丰富的蛋白质、钙和磷，有助于青少年的生长发育，缓解更年期骨质疏松。

视觉享受：★★★★　味觉享受：★★★★★　操作难度：★★

# 川麻田鸡腿

TIME 35分钟

菜品特点
酥嫩香酥
味鲜可口

# 蒜烧鲨鱼皮

视觉享受 ★★★★
味觉享受 ★★★★
操作难度 ★★

TIME 20分钟

菜品特点
色亮汁浓
皮糯入味

🔴 **主料：** 水发鱼皮 500 克

👆 **配料：** 青椒、红椒各 1 个，大蒜瓣、葱末、姜片、酱油、白糖、胡椒粉、味精、料酒、鲜汤、湿淀粉、熟猪油各适量

## 🍳 操作步骤

①水发鱼皮切成长方形厚片，用沸水焯 2 次，用鲜汤、料酒、葱末、姜片略煮，捞出鱼片，沥干水分备用；青椒、红椒洗净切长片。

②炒锅置小火上，下熟猪油，投入大蒜瓣，炒软盛起。

③炒锅留少许蒜油回火上，下葱末、姜片煸香，放料酒、鲜汤、酱油、白糖、胡椒粉、味精，放入鱼皮、大蒜瓣、青椒、红椒，小火烧透，转旺火收浓汤汁，淋少许湿淀粉勾芡，最后浇上炒好的蒜油，翻匀装

盘即成。

## 🎵 操作要领

一定要用充分发好（厚鱼皮可发至 3～6 厘米厚）的鱼皮，经焖软后的鱼皮，要经改刀，水漂 2 天以上才能用于烹调。

## 👉 营养贴士

中医认为鱼皮味甘咸、性平，有解诸鱼毒、杀虫、愈虚劳的功效。

视觉享受：★★★★　味觉享受：★★★　操作难度：★★

# 水煮牛蛙

TIME 30分钟

菜品特点
口味独特
营养丰富

⊙ **主料：**牛蛙350克

⊙ **配料：**莴笋1根，葱、蒜（白皮）各10克，姜、干红辣椒各5克，料酒、酱油各15克，精盐4克，鸡精2克，豆芽、香辣粉、香菜、油、花椒各适量

## 🍳 操作步骤

①先将牛蛙洗剥干净，剁好，用香辣粉拌匀，腌15分钟；莴笋洗净切成4厘米长的细条，焯水；豆芽洗净焯水；干红辣椒切段；葱切花；蒜、姜切片；香菜洗净切段。

②把牛蛙放热油锅内煸炒至变色盛出，锅中留底油，放葱、姜、蒜、干红辣椒、香辣粉炒出香味。

③加一大碗水，再放入煸好的牛蛙，依次放料酒、精盐、酱油、花椒，等快熟时，加入莴笋、豆芽煮至所有的材料变熟，出锅前加少许鸡精调味，撒上香菜即可。

## 🥄 操作要领　◀◀◀

牛蛙剥皮后再烹调，口感更好。

## 👉 营养贴士

牛蛙有滋补解毒的功效，消化功能差或胃酸过多的人以及体质弱的人可以用来滋补身体。

⊙ **主料：**螺肉片适量

⊙ **配料：**芹菜、豆瓣酱、蒜、白糖、醋、酱油、葱花、姜、植物油、高汤各适量

## 🍳 操作步骤

①芹菜洗净，斜切成长条，用热水焯过后摆在盘底；螺肉片用热水焯过后，捞出控干水分；蒜、姜切末。

②将酱油、醋、白糖放入碗中调匀制成鱼香汁。

③锅烧热后倒入植物油，先放入姜末、蒜末炒香。

④倒入豆瓣酱，炒出香味后，倒入适量高汤，倒入螺肉片翻炒。

⑤再倒入事先调好的鱼香汁，大火煮至收汁，撒上葱花，盛入摆放芹菜的盘中即可。

## 🥄 操作要领　◀◀◀

豆瓣酱最好事先切碎一些。

## 👉 营养贴士

螺肉含有丰富的维生素A、蛋白质、铁和钙等营养元素，对目赤、黄疸、脚气、痔疮等疾病有食疗作用。

视觉享受：★★★　味觉享受：★★★★★　操作难度：★★

# 鱼香螺片

TIME 20分钟

菜品特点
鲜香爽口
口味独特

# 石锅烧鱼杂

视觉享受：★★★★
味觉享受：★★★
操作难度：★★

TIME 30分钟

菜品特点
口感独特
香辣可口

➡ **主料：** 鱼子、鱼肠、鱼鳔各适量
➡ **配料：** 葱、姜、蒜、干辣椒、鸡蛋、油菜、精盐、料酒、酱油、高汤、白糖、胡椒粉、淀粉、鸡精、色拉油、明油各适量

## 操作步骤

①鱼子洗净，加鸡蛋液、淀粉、精盐、料酒拌匀，放平底锅中焙成鱼子饼，切菱形块，再用文油炸至微黄色；葱切花；姜、蒜分别切片；干辣椒切段；油菜去根洗净。
②鱼肠、鱼鳔放沸水锅中焯一下。
③锅中加色拉油，放入葱花、姜片、蒜片、辣椒段，炒出香味后放鱼杂，加料酒、精盐、酱油、胡椒粉、白糖、高汤，用小火烧入味，放鸡精调好口味，勾薄芡，淋明油。

④石锅烧热，刷少许色拉油，油菜焯水后放入锅底，将烧好的鱼杂盛在上面，撒上余下的葱花即可。

## 操作要领

在石锅上面刷少许色拉油，可防止粘锅。

## 营养贴士

鱼子是一种营养丰富的食品，其中有大量的蛋白质、钙、磷、铁、维生素和核黄素，也富含胆固醇，是人类大脑和骨髓的良好补充剂、滋长剂。

视觉享受：★★★★ 味觉享受：★★★★★ 操作难度：★★

# 锅巴牛蛙

TIME 25 分钟

菜品特点
肉质细嫩
口味独特

● **主料：** 牛蛙 5 只，锅巴适量

● **配料：** 白糖少许、葱末、姜末、干辣椒段、料酒、精盐、酱油、鸡精、植物油、花椒各适量

## 操作步骤

①将牛蛙去头、去皮、去内脏，清洗干净，捞出，剁成块；锅巴掰成小块，备用。

②炒锅中倒植物油烧热，下入葱末、姜末、干辣椒段、花椒爆香，再倒入牛蛙，倒入料酒翻炒。

③加少许酱油上色，倒入少许水焖煮一下，加入精盐、白糖、鸡精调味。

④倒入锅巴炒匀，即可出锅装盘。

## 操作要领 ◄◄◄

牛蛙块要切的大小均匀，调味不宜过咸。

## 营养贴士

牛蛙具有促进人体气血旺盛、滋阴壮阳、养心安神等功效。

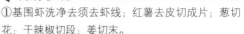

● **主料：** 基围虾 500 克

● **配料：** 红薯、葱、姜、干辣椒、豆瓣酱（辣油）、老抽、料酒、食盐、植物油各适量

## 操作步骤

①基围虾洗净去须去虾线；红薯去皮切成片；葱切花；干辣椒切段；姜切末。

②锅内倒植物油（多放点）烧至七成热，放入虾炸至变色卷曲捞出沥油备用。

③把红薯片放入植物油中，炸至金黄，捞出沥油备用。

④锅内留适量植物油，烧至五成热，放入豆瓣酱，划开炒香，放入葱、姜、干辣椒段炒香。

⑤放入提前炸好的红薯片和虾，再放入料酒、老抽和食盐翻炒均匀即可。

## 操作要领 ◄◄◄

可以用土豆代替红薯。

## 营养贴士

基围虾肉质松软，易消化，对身体虚弱以及病后需要调养的人是极好的食物。

视觉享受：★★★★★ 味觉享受：★★★ 操作难度：★★

# 薯片香辣虾

TIME 30 分钟

菜品特点
酥脆可口
口味独特

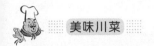

# 味道飘香鱼

视觉享受：★★★★
味觉享受：★★★★
操作难度：★★

TIME 30分钟

菜品特点
制作简单
享辣口味

**主料：** 蛋清 15 克，草鱼片 500 克

**配料：** 精盐、料酒、生粉、豆瓣、姜、蒜、葱白、熟芝麻、花椒粒、辣椒粉、红椒丝、干红辣椒段、黄豆芽、植物油、鸡蛋各适量

## 操作步骤

①将草鱼片用少许精盐、料酒、生粉和蛋清抓匀，腌 15 分钟；葱白切丝；姜、蒜切末。

②锅中烧热水，放入精盐，放入黄豆芽煮熟，捞出铺在一个深盆的底部待用。

③锅中倒植物油（多放一点）烧热，放入豆瓣爆香，加姜末、蒜末、花椒粒、辣椒粉及干红辣椒段，中小火煸炒，炒出红油。

④加入开水，烧沸以后，将腌好的鱼片一片片地放入，用筷子拨散，放入红椒丝，待鱼片煮变色以后关火，将鱼片和汤汁一起倒入事先铺好豆芽的深盆中。

⑤锅洗净，倒入植物油，烧至五成热，放入剩余的干辣椒段和花椒粒，用小火将辣椒和花椒的香味炸出来，注意不要炸煳了，辣椒的颜色稍变就关火，将热油浇在鱼片上加点葱丝，撒上熟芝麻即可。

## 操作要领

鱼一定要提前腌一下，这样更加入味一些。

## 营养贴士

草鱼含有丰富的硒元素，经常食用有抗衰老、养颜的功效，而且对肿瘤也有一定的防治作用。

114

视觉享受：★★★★　味觉享受：★★★★　操作难度：★

# 蒜子烧鳝段

TIME 25分钟

**菜品特点**
蒜香爽口
辛辣刺激

- 🡆 **主料：** 鳝鱼 500 克
- 🡆 **配料：** 青椒 2 个，火腿 1 根，大蒜 200 克，姜末 8 克，精盐 10 克，酱油 8 克，胡椒粉 5 克，湿淀粉 20 克，菜籽油 125 克

## 🥄 操作步骤

①鳝鱼剖开，去内脏、骨及头尾，洗净，切成长约 4 厘米的段；大蒜剥去皮洗净；青椒、火腿切细条。

②锅内倒菜籽油烧至七成热，放入鳝鱼段，加少许精盐煸炒，煸至鳝鱼段不粘锅、吐油时铲起。

③锅内另倒菜籽油烧至五成热，下青椒、火腿煸至断生，同时把鳝鱼段、大蒜、姜末、酱油、胡椒粉下锅，用中火慢烧。

④下湿淀粉收浓汁，亮油，合匀起锅入盘即可。

## 🍴 操作要领

步骤③中用中火慢烧的时间以大蒜烧熟为度。

## 👉 营养贴士

大蒜不仅能解毒杀虫、消肿止痛、止泻止痢、治肺、驱虫，还能温脾暖胃。

---

- 🡆 **主料：** 蒜瓣 200 克，鲜甲鱼裙边 400 克
- 🡆 **配料：** 五花肉 100 克，鸡半只，葱末、姜末各 25 克，黄酒 100 克，胡椒粉、水淀粉各少许，油适量

## 🔄 操作步骤

①甲鱼裙边放入开水锅内烫一烫取出，刮去黑皮，洗净后切成大小均匀的斜象眼块；蒜瓣放入热油中炸至上色。

②五花猪肉、鸡分别剁成块，放入开水焯，去血秽后，和甲鱼裙边一起放入锅内，加入黄酒、葱末、姜末和适量的水，以大火烧开，中火煨至甲鱼裙边八成熟时捞出。

③炒至上火，略放底油，放入葱末、姜末、蒜瓣、煨甲鱼裙边的汤，调好口味，放入圆鱼裙边、五花肉、鸡肉，略放少许胡椒粉、水淀粉勾兑出锅即可。

## 🍴 操作要领

大蒜要用新鲜的大蒜，这样才够香。

## 👉 营养贴士

甲鱼裙边具有滋阴凉血、补益调中、补肾健骨、散结消痘等功效。

视觉享受：★★★★　味觉享受：★★★★★　操作难度：★★

# 蒜子烧裙边

TIME 25分钟

**菜品特点**
鲜香肥润
滋阴补阳

# 砂锅炖鱼头

TIME 45分钟

 菜品特点
滋味鲜美
肉质细嫩

➡ **主料：** 鲢鱼头 1 个

🔄 **配料：** 冬笋、火腿、香菇(鲜)各25克，大葱、姜各25克，青蒜15克，料酒20克，胡椒粉5克，精盐8克，味精3克，花生油50克，奶汤、红油各适量

## 🍳 操作步骤

①将鲢鱼头去鳃，劈开洗净；冬笋、火腿切成片；大葱切段；姜切片；香菇洗净；青蒜洗净切段。

②锅中倒花生油烧热，放入鱼头，两面煎至金黄色，再放入葱段、姜片稍煎一下，烹入料酒，倒入奶汤，开锅后下精盐、味精调好口味，盛入砂锅内。

③放入笋片、香菇、火腿、胡椒粉。烧开后，移至小火上炖30分钟，等鱼头烂、汤汁浓时，再下青蒜段，淋入红油即可。

## 🍲 操作要领

要选用大个的鱼头。

## 👉 营养贴士

鲢鱼头除含蛋白质、脂肪、钙、磷、铁、维生素B外，还含有鱼肉所缺乏的卵磷脂，可增强记忆、思维和分析能力。

视觉享受：★★★★　味觉享受：★★★★　操作难度：★★

# 芝麻章鱼

TIME 30分钟

**菜品特点**
肉质劲道
美味可口

> **主料：** 章鱼 500 克
> **配料：** 芝麻、姜、葱、香蒜蓉、泰式甜辣酱、酱油、熟芝麻、油各适量

## 操作步骤

①章鱼洗净，放在烧开的姜、葱水中焯熟，捞起沥干水。

②锅中倒油烧热，放香蒜蓉爆香，倒入泰式甜辣酱、水、酱油，煮滚关火，将汁倒在鱼中，加熟芝麻拌匀后放一段时间即可食用。

## 操作要领

最后放一段时间，是为了入味，这样更好吃。

## 营养贴士

章鱼含有丰富的蛋白质、矿物质等营养元素，并且富含抗疲劳、抗衰老，能延长人类寿命等功效的重要保健因子——天然牛磺酸。

> **主料：** 小刀子鱼 500 克
> **配料：** 油、剁椒、蒜末、姜末、生抽、醋、料酒、精盐、糖各适量

## 操作步骤

①小鱼处理干净后，内外抹少量精盐，腌 2～3 小时，腌的时候上面用重一点的东西压一下。

②锅中放少量油，小火把鱼煎到两面金黄，盛出，再放少量油，爆香蒜末、姜末和剁椒。

③鱼再入锅，大火，加适量生抽、醋、料酒、糖，等调料收汁，起锅。

## 操作要领

小鱼一定要提前腌渍 2~3 小时。

## 营养贴士

刀子鱼肉味甘、性温，有开胃，健脾、利水、消水肿之功效，治疗消瘦浮肿、产后抽筋等有一定疗效。

视觉享受：★★★★★　味觉享受：★★★★　操作难度：★★

# 干锅滋小鱼

TIME 30分钟

**菜品特点**
味道鲜美
香脆可口

视觉享受 ★★★★ 味觉享受 ★★★★★ 操作难度 ★★

# 子姜蛙腿

TIME 25分钟

菜品特点
香辣可口
发汗驱寒

**主料：** 蛙腿300克

**配料：** 红辣椒、子姜、竹笋、豆瓣酱、花椒、精盐、料酒、味精、泡椒、植物油各适量

## 操作步骤

①蛙腿洗净，用精盐和料酒腌一下；红辣椒洗净切圈；子姜洗净切条；竹笋去皮，切片，汆水。

②锅中倒植物油烧热，把蛙腿倒入锅里翻炒一会儿，水分炒干，捞起。

③在锅里放豆瓣酱、泡椒、花椒炒出香味，加水煮开，水煮开后，再把炒好的蛙腿放入锅里煮，再加点精盐。

④蛙腿快煮熟时，加入笋片、子姜条、辣椒圈，再煮一小会儿，至蛙腿熟且入味，再加点味精，就可起锅盛盘了。

## 操作要领

最后煮的时间不能长，要保持辣椒和子姜的本味。

## 营养贴士

吃姜能抗衰老，老年人常吃生姜可除"老年斑"。

---

**主料：** 冻带鱼500克，泡萝卜50克，泡红辣椒3根

**配料：** 精盐3克，酱油6克，胡椒粉0.5克，姜、蒜各15克，绍酒5克，熟菜油125克，醋3克，鲜汤100克，味精1克，葱20克，水芡粉30克

## 操作步骤

①先将带鱼用清水洗一次，用剪刀将头、尾、鳍等剪掉，剖腹去内脏后，再清洗干净，用刀砍成长约3厘米的段。

②泡红辣椒去蒂去籽，与葱分别切成马耳朵形；泡萝卜切块；姜、蒜分别切成薄片。

③锅置旺火上，放入熟菜油，烧至七成热，将带鱼分4次下锅炸完，炸至呈浅黄色捞起。

④倒去炸油，留一点在锅内，放入泡红辣椒、泡萝卜、姜片、蒜片炒出香味，加汤，下带鱼，加精盐、绍酒、酱油、胡椒粉、味精、醋，烧沸入味。

⑤将鱼铲入盘内，锅内再淋入水芡粉勾成芡，待汁浓稠后加入葱，将汁淋在盘内带鱼上面即成。

## 操作要领

大多数的泡菜味都较咸，在切块前应先洗一次。

## 营养贴士

带鱼鳞油可使血中胆固醇显著降低。

视觉享受 ★★★★★ 味觉享受 ★★★★ 操作难度 ★★

# 泡菜烧带鱼

TIME 20分钟

菜品特点
味道鲜美
香辣可口

# 爽口菌蔬

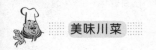
# 各种材料

## 茄子

**性味：** 甘，寒，无毒。

### 挑选方法与储存

嫩茄子手握有粘滞感，发硬的茄子是老茄子。外观亮泽表示新鲜程度高，表皮皱缩、光泽黯淡说明已经不新鲜了。

### 适宜人群

一般人群均可食用。可清热解暑，对于容易长痱子、生疮疖的人，尤为适宜。

### 烹饪技巧

茄子的吃法很多，但多数吃法烹调温度较高，时间较长，不仅油腻，营养损失也很大。

### 挑选方法与储存

选择藕节短、藕身粗的为好，从藕尖数起第二节藕最好。

### 适宜人群

一般人群均可食用，对于肝病、便秘、糖尿病等一切有虚弱之症的人十分有益。

### 烹饪技巧

藕可生食，烹食，捣汁饮用或晒干磨粉煮粥。食用莲藕要挑选外皮呈黄褐色、肉肥厚而白的。如果发黑，有异味，则不宜食用。

## 藕

**性味：** 凉，甘。

# 四季豆

**性味：**甘，平。

## 挑选方法与储存

豆荚饱满、肥硕多汁、折断无老筋、色泽嫩绿、表皮光洁无虫痕为上佳四季豆。

### 适宜人群

一般人群均可食用。

同时适宜癌症、急性肠胃炎、食欲不振者食用。

### 烹饪技巧

烹调前应将豆筋摘除，否则既影响口感，又不易消化。

## 挑选方法与储存

不要选太宽太厚的，那样的吃起来没嚼头，要挑大小均匀、颜色发绿的。

### 适宜人群

一般人群均可食用。

### 烹饪技巧

荷兰豆在烹饪前最好先焯水去掉涩味。

# 荷兰豆

**性味：**平，甘。

# 豇豆

**性味：平，甘，咸。**

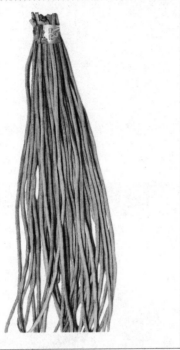

## 挑选方法与储存

豆荚松软，看起来豆粒很饱满，说明豇豆有些老，如果豆荚青翠紧致，表面平滑，豆子很小，说明豇豆很嫩。

## 适宜人群

一般人群均可食用。

尤其适合糖尿病患者。

## 烹饪技巧

豇豆用焖、炒、炖的手法烹调都很可口，值得注意的是，在烹调时豇豆一定要令其熟透，否则会导致食物中毒。

## 挑选方法与储存

鲜芋头一定不能放入冰箱，在气温低于7℃时，应存放在室内较温暖处，防止因冻伤造成腐烂。

## 适宜人群

一般人群均可食用。

## 烹饪技巧

芋头的食用方法很多，煮、蒸、烤、烧、炒、烩、炸均可。最常见的做法是把芋头煮熟或蒸熟后蘸糖吃。

# 芋头

**性味：甘，辛，平。**

# 菜尖

**性味：** 平，甘。

## 挑选方法与储存

腊菜尖，叶色深，尖叶，见花采收，可收主花薹后再收侧花薹，12月至1月上市。一刀齐菜尖，叶色淡，现蕾即采收，不可见花。以购买中等大小、粗细如手指的为最好，不可空心。

### 适宜人群

特别适宜患口腔溃疡、口角湿白、齿龈出血、牙齿松动的人群食用。

### 烹饪技巧

菜尖一般用来凉拌、清炒。

## 挑选方法与储存

酸菜帮玉白，酸菜叶与心微黄，有质嫩感为最佳。

### 适宜人群

一般人群均可食用。

### 烹饪技巧

酸菜炖熟煮透了才可以食用，如果长期贪食质量差、卫生差、霉变、腌浸时间短的酸菜，则可能引起泌尿系统结石。

# 酸菜

**性味：** 酸，平。

123

# 尖椒

**性味：** 辛，热。

## 挑选方法与储存

南豆腐俗称水豆腐，内无水纹、无杂质、晶白细嫩的为优质豆腐；内有水纹、有气泡、有细微颗粒、颜色微黄的为劣质豆腐。

## 适宜人群

对肾病综合症患者来说，每日蛋白质的摄入量应根据尿中蛋白质丢失的多少来确定，豆腐中含有**极为丰富**的蛋白质，一次食用过多不仅会阻碍**人体对铁的**吸收，而且容易引起蛋白质消化不良出现腹泻腹胀的不适症状。

## 烹饪技巧

豆腐的吃法多种多样，或煮、或炖、或炒、或凉拌均可。但切记豆腐的保存时间很短，千万不能吃坏了的豆腐，而我们平时吃的腐乳等都是经过无氧发酵的，和自然放坏的豆腐不是一个性质。

# 豆腐

**性味：** 甘，咸，寒，无毒。

## 挑选方法与储存

看上去光亮而颜色又较浅的尖椒会相对辣一些；其次选比较直的尖椒，这样的尖椒会较辣一些。

## 适宜人群

一般健康人都可以食用。

## 烹饪技巧

加工尖椒时要掌握火候。由于维生素 C 不耐热，易被破坏，在铜器中更是如此，所以避免使用铜质厨具。

# 萝卜

性味：凉，甘，辛。

## 挑选方法与储存

选带叶子的萝卜，这种萝卜比较新鲜，若已经被削掉了，看看是否还有水分，如果已经发蔫是肯定不好吃的。

### 适宜人群

一般人群均可食用。

弱体质者、脾胃虚寒、胃及十二指肠溃疡、慢性胃炎、单纯甲状腺肿、先兆流产、子宫脱垂者不宜多食。

### 烹饪技巧

白萝卜主泻、胡萝卜为补，所以二者最好不要同食。若要一起吃时应加些醋来调和，以利于营养吸收。

## 挑选方法与储存

选正宗的娃娃菜，应挑选个头小，大小均匀，手感紧实，菜叶细腻嫩黄的为佳。

### 适宜人群

一般人群均可食用。

### 烹饪技巧

通常做娃娃菜可以不放蒜，但是蒜能激发娃娃菜特有的香味，算得上一种绝配。

# 娃娃菜

性味：平，甘。

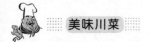 

 TIME 10分钟

 菜品特点
适少油宜
营养丰富

# 辣味丝瓜

视觉享受：★★★
味觉享受：★★★★
操作难度：★

🔘 **主料：** 丝瓜1根

🔘 **配料：** 红辣椒2个，精盐3克，味精2克，料酒10克，猪油40克，大葱5克，姜3克，高汤少许

## 🌀 操作步骤

①将丝瓜去皮，洗净，切薄片。

②红辣椒去蒂、去籽，洗净，切成菱形片；大葱切段，姜切丝。

③锅放旺火上，倒入猪油烧热，将大葱段、姜丝、红辣椒片放在一起炝锅，炸出香味，下入丝瓜片翻炒片刻，放入精盐、料酒、味精和高汤少许，将菜翻炒均匀，出锅盛盘食用。

## 🍴 操作要领

丝瓜一定要去皮，这样口感更鲜嫩，另外如果不喜欢瓤，也可以在切片之前先将瓤去掉。

## 👉 营养贴士

丝瓜能除热利肠，主治痘疮不出。

126

视觉享受：★★★★★ 味觉享受：★★★ 操作难度：★★

# 粉蒸 *胡萝卜丝*

TIME 20 分钟

菜品特点
色泽鲜艳
营养丰富

- **主料：** 胡萝卜 400 克
- **配料：** 精盐 5 克，味精、白糖各 2 克，胡椒粉、辣椒粉各 1 克，蒸肉粉 3 克，干辣椒、香菜茎各少许

## 操作步骤

①胡萝卜去皮切成粗丝；干辣椒切小段；香菜茎切段。

②胡萝卜丝放入沸水锅中汆水，捞出沥干。

③胡萝卜丝中拌入精盐、味精、白糖、干辣椒、胡椒粉、辣椒粉、蒸肉粉。

④然后装入小竹蒸笼中，上笼用大火蒸熟。

⑤取出撒上香菜茎即可。

## 操作要领

胡萝卜切丝一定要粗细均匀，建议使用专业刀具。

## 营养贴士

胡萝卜有益肝明目、利膈宽肠、健脾除疳、增强免疫力、降糖降脂的功效。

- **主料：** 腊肉 200 克，白菜帮 300 克
- **配料：** 杭椒 30 克，姜、蒜、精盐、生抽、糖、植物油、剁椒各适量

## 操作步骤

①白菜帮洗净切粗丝；腊肉切片；姜、蒜剁碎；杭椒切小段。

②锅中倒植物油大火加热，待油五成热时，放入剁椒、姜末、蒜末，炒出辣香味后，放入杭椒和腊肉，煸炒一小会儿，待腊肉的肥肉部分变透明，倒入白菜帮炒 2 分钟。

③待白菜帮略微变软，调入精盐、生抽和糖，搅拌均匀后，翻炒几下，即可关火出锅。

## 操作要领

这道菜做好后，如果盛放入可加热的干锅中，边加热边吃，味道会越来越香，辣味也越来越重。

## 营养贴士

白菜帮含有丰富的营养，多食对身体大有裨益。

视觉享受：★★★ 味觉享受：★★★★ 操作难度：★★

# 干锅 *腊肉白菜帮*

TIME 25 分钟

菜品特点
香辣可口
开胃下饭

TIME 20分钟

菜品特点
色泽诱人
香辣可口

# 干锅 *手撕包菜*

视觉享受：★★★★
味觉享受：★★★★
操作难度：★★

🔴 **主料：**包菜 500 克

🔵 **配料：**洋葱 100 克，姜、蒜各 20 克，干辣椒 15 克，精盐、鸡精、酱油、猪油各适量

## 🥢 操作步骤

①包菜用手撕成大小均匀的片后，洗净待用；洋葱、姜切片；干辣椒切段；蒜切片。

②锅烧热放入猪油，待猪油溶化后放入姜片、蒜片、干辣椒煸炒出香味，放入包菜煸炒 10 分钟左右，加精盐、鸡精、酱油煸炒 1 分钟，关火。

③准备一个酒精锅，将切好的洋葱放在锅底，然后将炒好的包菜倒在洋葱上，最后点上火，边热边吃即可。

## 🍴 操作要领

制作此菜品时，一定要用手将包菜撕成片，这样更美味。

## 👉 营养贴士

包菜具有补骨髓、润脏腑、益心力、壮筋骨、利脏器、祛结气、清热止痛等功效。

视觉享受：★★★★★ 味觉享受：★★★★ 操作难度：★

# 煎炒豆腐

**TIME 15分钟**

菜品特点
外观漂亮
味道独特

➡️ **主料：**豆腐 500 克

👉 **配料：**干辣椒、姜、蒜、香菜各少许，精盐、植物油各适量

🔄 **操作步骤**

①豆腐洗净，切成大小均匀的长条形；姜、蒜切末；干辣椒切丝；香菜切段。

②锅中倒植物油烧热，将豆腐一块一块放进去，煎至四面金黄时捞出，放在盘里待用。

③将锅洗净后倒植物油烧热，放入姜末、蒜末、干辣椒爆香，然后放入香菜段和煎好的豆腐一起翻炒2~3分钟，加入精盐调味，出锅即可。

🔥 **操作要领**

因为豆腐比较易碎，所以煎的时候，翻面一定要小心，而且四个面都要煎到。

👉 **营养贴士**

豆腐含有丰富的植物蛋白，有生津润燥、清热解毒的功效。

➡️ **主料：**蚕豆 500 克

👉 **配料：**精盐、味精、葱、姜、蒜、白糖、辣椒粉、花椒粉、植物油各适量

🔄 **操作步骤**

①将嫩蚕豆洗净沥干；葱、姜、蒜切成末。

②锅内倒植物油，烧热，投入葱末、姜末、蒜末煸出香味，加入蚕豆翻炒均匀，再加精盐、白糖、水、辣椒粉，继续炒 1 分钟左右，加味精、花椒粉炒匀即成。

🔥 **操作要领**

如果觉得蚕豆太硬，可以先将洗净的蚕豆用热水焯一下。

👉 **营养贴士**

蚕豆含蛋白质、碳水化合物、粗纤维、磷脂、胆碱、维生素 $B_1$、烟酸、钙、铁、磷、钾等多种营养物质，犹其是磷和钾含量较高。

视觉享受：★★★★ 味觉享受：★★★ 操作难度：★

# 麻辣蚕豆

**TIME 15分钟**

菜品特点
绿色健康
操作简单

# 剁椒娃娃菜

视觉享受：★★★★
味觉享受：★★★
操作难度：★

TIME 10分钟

菜品特点
清淡爽口
汤汁鲜美

▶ **主料：** 娃娃菜 500 克
👍 **配料：** 剁椒酱、蒜、植物油各适量

## 🍳 操作步骤

①娃娃菜洗净，叶片掰散，过长的可切成两截；蒜切末。

②锅烧热，倒入植物油，烧热后，倒入蒜末爆香，再倒入娃娃菜和剁椒酱一起快速翻炒2分钟，关火装盘即可。

## 🍴 操作要领 ◀◀◀

剁椒酱本身很咸，所以不用再加盐。

## 🔫 营养贴士

中医认为娃娃菜性微寒无毒，经常食用具有养胃生津、除烦解渴、利尿通便、清热解毒的功效。

视觉享受：★★★★　味觉享受：★★★　操作难度：★

# 炝黄瓜

TIME 8分钟

菜品特点
清爽爽口
操作简单

◆ 主料： 黄瓜 2 根
◆ 配料： 干辣椒、花椒各 10 克，精盐、味精、
芝麻油、植物油各适量

## 操作步骤

①黄瓜洗净去蒂，切成约 4 厘米长、1 厘米粗的条；
干辣椒切段。
②炒锅置旺火上，加植物油烧至五成热，放入干辣
椒段炒至呈棕褐色时，下花椒炒出香味，再放黄瓜
条快速炒匀。
③加入精盐、味精炒至断生，淋芝麻油起锅即成。

## 操作要领

黄瓜不用炒太熟，断生即可。

## 营养贴士

黄瓜性凉，胃寒患者食之易致腹痛泄泻。

◆ 主料： 杏鲍菇 500 克，猪肉 100 克
◆ 配料： 红辣椒、葱花、姜、蒜、红油、盐、
鸡精、植物油各适量

## 操作步骤

①杏鲍菇洗净切片；猪肉洗净切薄片；红辣椒切圈；
姜、蒜切片。
②锅中倒植物油烧热，放入姜片、蒜片爆香，将姜
片、蒜片拣出后放入猪肉翻炒出油。
③倒入杏鲍菇、红椒圈翻炒至变色时，倒入红油，
继续翻炒，出锅前加入盐、鸡精调味，盛出装入石
锅内，最后撒上葱花即可。

## 操作要领

猪肉本身就含有很多油，所以一开始炝锅时，油不
用放的太多。

## 营养贴士

杏鲍菇营养丰富，富含蛋白质、碳水化合物、维生素
及钙、镁、铜、锌等矿物质，可以提高人体免疫力。

视觉享受：★★★★★　味觉享受：★★★★　操作难度：★★

# 石锅杏鲍菇

TIME 15分钟

菜品特点
鲜香爽口
营养丰富

# 鱼香茄子

TIME 20分钟

菜品特点
甜而不腻
辣度适中

视觉享受：★★★★
味觉享受：★★★★
操作难度：★★

● **主料**：茄子 500 克

● **配料**：瘦肉 100 克，青椒、红椒各 50 克，白糖 5 克，郫县豆瓣酱 10 克，精盐 3 克，麻油少许，生抽、老抽、蚝油、醋、姜末、葱末、蒜末、植物油、淀粉各适量

## 🔧 操作步骤

①茄子洗净，横切成两半后切成竖条，放入盐水中浸泡 10 分钟，捞出沥干水分，撒一些干淀粉拌匀；青椒、红椒洗净切条。

②精盐、淀粉、生抽、老抽、蚝油、醋、白糖、麻油加适量水调成汁备用。

③炒锅内加植物油，放入切条，炸至酥软捞出沥油；锅中留底油，烧热后放入姜末、葱末、蒜末爆香后，放入瘦肉炒至断生，加郫县豆瓣酱和青椒、红椒翻炒，放入炸好的茄子同炒，最后倒入事先调好的调

味汁翻炒均匀即可。

## 🔧 操作要领

因为豆瓣酱有盐，所以加盐时要注意用量。

## 🔫 营养贴士

茄子含有蛋白质、脂肪、碳水化合物、维生素以及钙、磷、铁等多种营养成分，常吃茄子，可使血液中胆固醇含量不致增高，对延缓人体衰老具有特殊的功效。

视觉享受：★★★★ 味觉享受：★★★★ 操作难度：★

# 五香焖黄豆

TIME 25分钟

菜品特点
操作简单
营养美味

- **主料：** 黄豆 400 克
- **配料：** 葱、姜各 10 克，花椒、桂皮、八角各 5 克，精盐 4 克，香油适量

## 操作步骤

①将黄豆淘洗干净；葱、姜切末。

②将炒锅置于旺火上，放入清水和黄豆煮沸，撇净浮沫，撒入八角、花椒、桂皮、葱末和姜末。

③用小火炖至熟烂，加入精盐烧至入味，吃的时候将黄豆和八角捞出装在碗内，淋上香油即可。

## 操作要领

黄豆要选用应季的黄豆，若是没有或是时间不合适的要用干黄豆，还必须要浸泡一晚上。

## 营养贴士

黄豆含有丰富的蛋白质，含有多种人体必需的氨基酸，可以提高人体免疫力。

- **主料：** 韩国泡菜 200 克，豆花 400 克
- **配料：** 胡萝卜 2 根，泡菜汁 100 克，牛骨高汤适量，菠菜、酱油、姜泥、麻油、精盐、细砂糖各少许

## 操作步骤

①胡萝卜去皮切块；韩国泡菜切小块备用；菠菜洗净撕成一根一根的。

②取一锅，放入步骤①中的所有材料，再加入牛骨高汤，以中大火煮至滚沸。

③豆花以汤勺挖大片状，加入锅内，最后将泡菜汁、酱油、姜泥、麻油、精盐、细砂糖调匀，一起加入锅中调味即可。

## 操作要领

菠菜用手撕更好。

## 营养贴士

豆花除含蛋白质外，还可为人体生理活动提供多种维生素和矿物质，尤其是钙、磷等。

视觉享受：★★★★ 味觉享受：★★★★ 操作难度：★★

# 豆花泡菜锅

TIME 30分钟

菜品特点
营养丰富
鲜嫩爽口

# 辣白菜卷

 TIME 15分钟

菜品特点
麻辣适中
营养全面

视觉享受：★★★★
味觉享受：★★★★
操作难度：★

**主料：** 圆白菜 500 克

**配料：** 干辣椒 50 克，花椒 10 克，花生油 15 克，精盐 5 克，味精 3 克，青、红辣椒各少许

## 操作步骤

①将圆白菜叶一片一片从根部整个掰下，洗净控干水分；干辣椒切成小节、红辣椒、青辣椒切丝备用。

②将花生油烧热，将干辣椒、花椒一同下锅，炸出香味后，把圆白菜下锅煸炒，将味精、精盐放入稍炒。

③待菜叶稍软，倒在碟中，晾凉，用手将菜叶卷成卷，码放在盘子上，用青、红椒丝点缀即可。

## 操作要领

白菜炒至断生即可。

## 营养贴士

圆白菜可以清热除烦、行气祛瘀、消肿散结、通利胃肠。主治肺热咳嗽、身热、口渴、胸闷、心烦、食少、便秘、腹胀等病症。

视觉享受：★★★★　味觉享受：★★★★　操作难度：★★

# 干锅 土豆片

TIME 20分钟

菜品特点
香辣爽口
开胃下饭

● **主料：** 土豆300克，肉200克

● **配料：** 杭椒、红椒各1个，郫县豆瓣酱
10克，鸡精5克，葱花、油各适量

## 操作步骤

①土豆去皮切片，过凉水，控干；锅中放入比平时
炒菜多一倍的油，油微热煎土豆片至两面金黄。

②杭椒洗净切条；红椒洗净切圈；肉切片。

③用刚才煎土豆片剩下的油炒肉片、红椒圈、杭椒条，
倒入郫县豆瓣酱翻炒出红油，加入2汤勺水，放入
鸡精，下入土豆，翻炒至没有水分，即可倒在干
锅中，撒上葱花即可。

## 操作要领

土豆片在煎的时候要注意火候，否则很容易粘锅或
煳底。

## 营养贴士

土豆含有大量淀粉以及蛋白质、B族维生素、维生素
C等，能促进脾胃的消化功能。

● **主料：** 荷兰豆250克

● **配料：** 红椒1个，木耳1朵，橄榄油10克，
姜末5克，精盐5克

## 操作步骤

①荷兰豆择洗干净，切段；红椒洗净去蒂，切丁；
木耳泡发洗净，切小片。

②锅置火上，放入橄榄油烧热，下入姜末、红椒炒香，
然后加入荷兰豆、木耳，翻炒2分钟，加入精盐，
少许水，炒匀即可装盘食用。

## 操作要领

红椒也可以切成丝，做法相同。

## 营养贴士

荷兰豆具有和中下气、利小便、解疮毒等功效，能益
脾和胃、生津止渴、除呃逆、止泻痢、解渴通乳、治
便秘的功效。

视觉享受：★★★★　味觉享受：★★★★★　操作难度：★

# 椒条 荷兰豆

TIME 15分钟

菜品特点
青红相间
甜咸可口

# 杭椒炒藕丁

TIME 10分钟

菜品特点
香辣鲜嫩
爽口开胃

➡️ **主料**：杭椒 50 克，莲藕 1 个

👉 **配料**：红椒 10 克，生抽、盐、植物油各适量

## 🔄 操作步骤

①将莲藕去皮，洗净后切丁；杭椒、红椒洗净，切段。

②锅内倒入植物油烧热，倒入杭椒、红椒爆香，加入少许生抽提味。

③最后放入藕丁，炒熟加盐调味即可出锅食用。

## 🔧 操作要领

最好挑选脆的莲藕，这样炒出来味道更佳。

## 👉 营养贴士

藕有清热生津、凉血止血、散瘀血的功效。

视觉享受：★★★★ 味觉享受：★★★★ 操作难度：★

# 鱼香豆腐

TIME 20分钟

菜品特点
美味可口
营养全面

➡ **主料：** 豆腐1块
➡ **配料：** 豆瓣酱、蒜、白糖、醋、酱油、高汤、姜、葱花、植物油各适量

## 🥄 操作步骤

①豆腐切成小块，入油锅煎至表面金黄；蒜、姜切末。
②用酱油、醋、白糖调成鱼香汁。
③锅烧热后倒入植物油，先放入姜末、蒜末炒香，倒入豆瓣酱，炒出红油后，倒入少许高汤，倒入豆腐块，炒匀。
④再倒入事先调好的鱼香汁，大火煮至收汁捞出豆腐装盘，撒上葱花即可。

## 🔥 操作要领 ◀◀◀

豆瓣酱最好事先切碎一些。

## 👉 营养贴士

豆腐营养丰富，含有铁、钙、磷、镁等人体必需的多种微量元素，还含有糖类、植物油和丰富的优质蛋白，素有"植物肉"之美称。

---

➡ **主料：** 丝瓜2个，粉丝适量
➡ **配料：** 木耳、辣椒酱、蒜、白糖、醋、酱油、姜、植物油、高汤各适量

## 🥄 操作步骤 ◀

①粉丝用热水泡软后捞出，控干水分；丝瓜去皮洗净切块；蒜、姜切末；木耳泡发洗净撕小朵。
②用酱油、醋、白糖调匀做成鱼香汁。
③锅烧热后倒入植物油，先放入姜末、蒜末炒香，倒入辣椒酱，炒出香味后，倒入高汤，倒入丝瓜，炒至断生时放入粉丝、木耳炒匀。
④再倒入事先调好的鱼香汁，大火煮至收汁即可。

## 🔥 操作要领 ◀◀◀

泡粉丝时，用开水泡10分钟即可。

## 👉 营养贴士

丝瓜所含各类营养物质在瓜类食物中较高，所含皂甙类物质、丝瓜苦味质、黏液质、木胶、瓜氨酸、木聚糖和干扰素等特殊物质对人体具有一定的特殊作用。

视觉享受：★★★★ 味觉享受：★★★★ 操作难度：★★

# 鱼香丝瓜粉丝

TIME 20分钟

菜品特点
颜色红亮
口味丰富

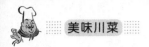 

# 双冬酿冬瓜

TIME 30分钟

菜品特点
味美可口
促进食欲

● 主料：冬瓜 500 克，冬菇、冬笋各 50 克，豆腐 200 克
● 配料：黄豆芽汤 100 克，剁椒、姜末、味精、水芡粉、香葱末、精盐、猪油各适量

## 操作步骤

①冬瓜去皮切成厚片，放在沸水中烫 5 分钟，捞出用冷水冲凉并沥干；豆腐用干净纱布包住，稍用劲挤去水分；冬菇洗净与冬笋一起切成细末，并和豆腐、精盐、味精、姜末、猪油一起拌成馅。

②用两片冬瓜夹点馅，码在盘中，加入黄豆芽汤、精盐、味精，放入蒸锅中，大火蒸 6 分钟，滗出汤汁于另一锅中，加入水芡粉，用大火加热 30 秒，勾成芡汁，趁热浇在冬瓜上，撒点香葱末、剁椒即可。

## 操作要领

豆腐挤水分时要注意力道。

## 营养贴士

冬瓜含有较多的蛋白质、糖类及少量的钙、磷、铁等矿物质和多种维生素等营养素。

视觉享受：★★★★★　味觉享受：★★★　操作难度：★

# 炸薄荷叶

TIME 15分钟

菜品特点
入口即化
清香可口

➡ **主料：** 薄荷叶适量
➡ **配料：** 鸡蛋1个，面粉、淀粉、精盐、食用油各适量

## 🥄 操作步骤

①将薄荷叶用盐水泡一下，清洗干净，控去水分，用盐揉一下；将鸡蛋磕入碗中，搅拌均匀，放面粉和淀粉，搅拌充分，制成面糊。
②将薄荷叶上涂满面糊备用。
③锅中倒油烧热，把薄荷叶放到油锅中，炸至薄荷叶松脆时，食用撒上少许精盐即可出锅。

## 🔔 操作要领

可以单独做菜，亦可在吃面的时候放一些。

## 👉 营养贴士

薄荷对头痛目赤、咽喉肿痛、口疮口臭、牙龈肿痛、风热瘙痒者十分有益。

➡ **主料：** 茄子400克，猪肉馅100克
➡ **配料：** 鸡液50克，色拉油750克，湿淀粉10克，精盐4克，味精3克，酱油6克，葱末、姜末各3克，鲜汤100克，香油、蒜末适量

## 🥄 操作步骤

①茄子洗净去蒂去皮，顶刀切成厚片；猪肉馅加葱末、姜末、精盐、味精、酱油、鸡蛋液搅拌均匀。
②锅内倒色拉油，烧六七成热，下入茄子片炸约2分钟，至茄子片变软、色黄，捞出沥油，装入盘中。
③将炸好的茄子片每两片叠合在一起，中间夹入肉馅，整齐码入碗内，上屉蒸约10分钟，蒸熟后，沥汤扣入盘内。
④锅内倒油烧热，下入蒜末炝锅，再加酱油、精盐、味精、鲜汤烧开后用湿淀粉勾成流芡，淋入香油，浇在茄子上即成。

## 🔔 操作要领

茄子片切的厚度要均匀，掌握好蒸的时间。

## 👉 营养贴士

茄子具有清热止血、消肿止痛的功效。

视觉享受：★★★★　味觉享受：★★★★　操作难度：★★

# 蒸瓤茄子

TIME 30分钟

菜品特点
软糯可口
口味独特

# 麻辣烫

视觉享受：★★★★
味觉享受：★★★★
操作难度：★★★

TIME 10分钟

菜品特点
麻辣爽口
味浓汤鲜

**主料：** 青菜3棵，油豆腐、土豆、米粉各50克，鱼丸、豆腐皮各30克

**配料：** 辣椒油适量，香菜少许，麻辣烫底料1包

## 操作步骤

①青菜、香菜洗净；土豆洗净切片；豆腐皮洗净切条；油豆腐切块。

②锅中放入清水、麻辣烫底料烧开，将青菜、香菜、土豆、豆腐皮、油豆腐、米粉、鱼丸放入锅中煮5分钟左右捞出盛入汤碗。

③倒入辣椒油，将香菜点缀其上即成。

## 操作要领

麻辣烫使用的主料都是比较容易熟的，不能采用像鸡翅、鸡爪、鸭掌、牛肉等不容易烫熟的食材。

## 营养贴士

麻辣烫通常有多种绿叶蔬菜，有多种豆制品原料，只要合理搭配，它比一般的快餐菜肴更容易达到酸碱平衡的要求，也符合食物多样化的原则。

视觉享受：★★★★★　味觉享受：★★★★★　操作难度：★★★

# 瑶柱双菇蒸豆腐

TIME 45分钟

菜品特点
做法简单
清淡味美

**主料：** 嫩豆腐 500 克

**配料：** 蟹味菇、茶树菇各 50 克，干瑶柱 30 克，葱 1 根，生粉、生抽、鸡粉、植物油各适量

## 操作步骤

①蟹味菇和茶树菇择洗干净，分别切成细丁；葱去根洗净，切成葱花；豆腐切成块，排放于盘中备用。

②干瑶柱洗净放入碗内，注入 1/2 杯清水，放入锅内，加盖，大火隔水蒸 15 分钟，取出晾凉备用。

③将蒸好的干瑶柱压碎，然后往蒸干瑶柱的水里加入生粉、生抽和鸡粉，调成芡汁。

④依次将蟹味菇、茶树菇和干瑶柱铺在豆腐块上，然后在锅内烧热 1 汤匙植物油，倒入芡汁炒匀煮沸，淋在豆腐上。

⑤锅中倒入水，放入盛有干瑶柱、蟹味菇、茶树菇、豆腐的盘子，加盖大火隔水蒸 10 分钟。

⑥取出蒸好的瑶柱双菇豆腐，撒上葱花，即可上桌。

## 操作要领

蒸瑶柱的水是精华所在，不可倒掉，用来调制芡汁，可给菜肴提味。

## 营养贴士

瑶柱性味甘、咸、平，有滋阴补肾、健脾调中的功效。

**主料：** 白豆干 500 克

**配料：** 五花肉 100 克，干辣椒、水发香菇、葱、姜、蒜、辣椒油、生抽、精盐、鸡粉、料酒、植物油、高汤各适量

## 操作步骤

①五花肉切片，放热水中煮熟，捞出待用；白豆干切成小块；干红辣椒切段；葱切花；姜、蒜切末。

②锅中倒入植物油烧热，放入葱花、姜末、蒜末、干辣椒爆香，放入白豆干煎成金黄，加入辣椒油、生抽、精盐、鸡粉、料酒翻炒均匀。

③倒入高汤，加入五花肉、香菇，煲至汤沸腾即可。

## 操作要领

猪肉也可不用煮的，直接放在锅内炒。

## 营养贴士

豆干含有的卵磷脂可除掉附在血管壁上的胆固醇，防止血管硬化，预防心血管疾病，保护心脏。

视觉享受：★★★★　味觉享受：★★★★　操作难度：★★

# 红油香干煲

TIME 30分钟

菜品特点
口感独特
操作简单

# 鱼香青豆

TIME 20分钟

菜品特点
清淡爽口
口感独特

● **主料**：绿豆 500 克
● **配料**：辣椒酱、蒜、葱、白糖、醋、酱油、姜、精盐、植物油、高汤各适量

### 操作步骤

①绿豆淘洗干净；蒜、姜切末；葱切花。

②用酱油、醋、白糖调成鱼香汁。

③锅烧热后倒入植物油，放入绿豆炸熟，捞出控油；锅中留底油，放入蒜末、姜末、葱花炒香。

④倒入辣椒酱，炒出香味后，倒入 2 勺水或高汤，倒入炸好的绿豆炒匀，加精盐调味。

⑤再倒入事先调好的鱼香汁，大火煮至收汁即可。

### 操作要领

绿豆放的时间长了，可能会生虫，所以一定要淘洗干净。

### 营养贴士

绿豆味甘，性寒，有清热解毒、消暑、利尿、祛痘的作用。

142

# 糖醋藕

TIME 30 分钟

菜品特点
色泽红润
酸甜酥嫩

视觉享受：★★★★
味觉享受：★★★★
操作难度：★

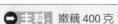

➡**主料：** 嫩藕 400 克

➡**配料：** 花生油 100 克，青椒 1 个，红椒 1 个，米醋、鲜汤各 50 克，酱油 10 克，味精 1 克，白糖 50 克，精盐 4 克，富强粉 100 克，水淀粉、发酵粉各少许

## 操作步骤

①嫩藕洗净去皮，切成长条，用精盐腌渍片刻，沥去水分；青椒、红椒洗净切条；富强粉加精盐、味精、发酵粉、清水调成面糊。

②锅中倒花生油烧至八成热，将嫩藕块投入面糊里挂匀糊，逐块放到油锅里炸，不断翻动炸至金黄色，捞起沥油。

③锅中留少许底油，烧热后加入酱油、白糖、鲜汤烧开，加入米醋，用水淀粉勾芡，淋上熟油 10 克，再把炸好的藕块下锅，放入青、红椒翻炒，起锅装盘即成。

## 操作要领

炸藕时要勤翻动，防止炸煳。

## 营养贴士

藕具有清热生津、凉血止血、散瘀血等功效。

143

# 玉米粉蒸红薯叶

TIME 20分钟

视觉享受 ★★★
味觉享受 ★★★★
操作难度 ★★

菜品特点
新鲜可口
操作简单

● 主料：玉米粉、红薯叶各适量
● 配料：食盐、植物油各适量

## 操作步骤

①红薯叶择好洗净，用水使劲搓洗几遍去掉黑水。
②将红薯叶、玉米粉、食盐搅拌均匀，将拌好的红薯叶直接放在抹了植物油的笼屉上，蒸锅上汽后放入蒸锅，盖上盖用大火蒸8分钟左右出锅即可。

## 操作要领

颜色越红的红薯叶越嫩，越绿的越老，要选用嫩的红薯叶。

## 营养贴士

玉米面中含有亚油酸和维生素E，能使人体内胆固醇含量降低，从而减少动脉硬化的发生。

美味川菜

★★★★★

特色小吃

★★★★★

# 各种材料

## 糯米

**性味：**甘，温。

### 挑选方法与储存

购买糯米时，选择乳白或蜡白色、不透明，形状为长椭圆形，较细长，硬度较小的为佳。

### 适宜人群

适宜体虚自汗、盗汗、多汗、血虚、头晕眼花、脾虚腹泻之人食用。

### 烹饪技巧

糯米一般用来制作米糕。

### 挑选方法与储存

优质面粉有股面香味，颜色纯白，干燥不结块；劣质面粉有水分重、发霉、结块等现象。

### 适宜人群

心血不足、心悸不安、多哈欠、失眠多梦、盗汗、多汗等症患者适宜食用。

### 烹饪技巧

面粉一般用来做面条、饼、糕点等。

## 面粉

**性味：**甘，凉。

# 大米

**性味：**甘，平。

## 挑选方法与储存

新大米色泽呈透明玉色状，未熟粒米可见青色。

## 适宜人群

一般人群均可食用。

尤其适宜一切体虚之人，高热之人，久病初愈、妇女产后、老年人、婴幼儿消化减弱者，煮成稀饭食用。糖尿病患者不宜食用。

## 烹饪技巧

大米最常见的烹调方式就是煮饭，也可磨成米粉，用来做糕点等。

## 挑选方法与储存

嫩玉米粒没有塌陷，饱满有光，用指甲轻轻掐，能够溅出水；如果是老的，会干瘪塌陷，中间空。

## 适宜人群

适合用于高血压、高血脂、动脉硬化、老年人习惯性便秘、慢性胆囊炎、小便晦气等疾患者食疗保健。

## 烹饪技巧

玉米可以整个煮着吃，也可用于做菜，还能磨成面用来制作糕点。

# 玉米

**性味：**甘，平，无毒。

# 红薯

**性味：** 甘，平，无毒。

## 挑选方法与储存

外皮要红皮的，白皮的红心红薯多，味道像南瓜，不太甜，红皮的甜糯。

## 适宜人群

一般人群均可食用。

一次不宜食用过多，以免发生烧心、吐酸水、肚胀排气等不适现象；胃溃疡、胃酸过多、糖尿病人不宜食用。

## 烹饪技巧

红薯可用来蒸、煮、烤，还可以制成粉，做成粉丝。

## 挑选方法与储存

没有破皮的，尽量选圆的，越圆的越好削。皮一定要干的，不要有水泡的，不然保存时间短，口感也不好。

## 适宜人群

一般人群均可食用。

经常吃土豆的人身体健康，延缓衰老。

## 烹饪技巧

土豆要用文火煮烧，才能均匀地熟烂，若急火煮烧，会使外层熟烂甚至开裂，里面却是生的。另外去了皮的土豆，如不马上烧煮，应浸在凉水里，以免发黑，但不能浸泡太久，以免其中的营养成分流失。

# 土豆

**性味：** 甘，平。

# 鲜奶

**性味：**甘，平。

## 挑选方法与储存

牛奶分为保鲜奶和常温奶两种。保鲜奶是真正的鲜奶，采用巴氏杀菌法，基本上不会破坏营养，但是保质期很短。常温奶采用的灭菌方法是将牛奶加热到约150度，保持2秒，然后冷却，在无菌环境下灌装，这样就破坏了一部分营养，但却可以将保质期延长至30天以上，而且无需冷藏，没有冰箱且不想每天都采购的人可以买这种奶品。

### 适宜人群

一般人群均可饮用。

### 烹饪技巧

鲜奶常用来做糕点、特色小吃等。

## 挑选方法与储存

果体透明，保持原有鲜艳果色，表面干燥，入口柔软香甜为上等果脯。

### 适宜人群

一般人群均可食用，但糖尿病患者禁用。

### 烹饪技巧

果脯一般作为配菜或是馅料使用。

# 果脯

**性味：**酸、甜，平。

# 红油龙抄手

 TIME 20 分钟

菜品特点
菜肴鲜香
营养丰富

视觉享受：★★★★
味觉享受：★★★★
操作难度：★★

➡ **主料**：抄手皮 20 张，猪肉馅 175 克
➡ **配料**：精盐、料酒各 5 克，鸡粉 3 克，生粉 20 克，辣椒油 30 克，酱油 20 克，香油 10 克，葱花、菠菜各适量

## 操作步骤

①猪肉馅置入碗内，加入精盐、酱油、料酒、鸡粉、生粉及少许清水拌匀，顺一个方向打至起胶，腌 15 分钟；菠菜去根，洗净，放沸水中焯熟，放入碗内。
②取抄手皮，舀入适量猪肉馅，包成抄手。
③取一空碗，加入辣椒油、酱油、香油、鸡粉，撒入葱花，做成调味汁备用。
④锅内加适量水烧开，加入调味汁拌匀，加入精盐，放入抄手以大火煮沸，煮至抄手浮起，捞起沥干水，盛入放有菠菜的碗内，加入调味汁拌匀即成。

## 操作要领

猪肉馅调好味后，要用筷子顺一个方向打至起胶，做成的肉馅才会爽滑鲜浓。

## 营养贴士

猪肉含有丰富的蛋白质及脂肪、碳水化合物、钙、磷、铁等成分。

视觉享受：★★★★　味觉享受：★★★　操作难度：★★

# 煎土豆饼

TIME 25分钟

菜品特点
颜色鲜艳
口感独特

**主料：** 土豆500克，面粉500克

**配料：** 淀粉300克，鸡蛋5个，葱少许，植物油适量

## 操作步骤

①土豆洗净切丝，放在凉水中浸泡一会儿，捞出待用；葱洗净切成葱花。

②将鸡蛋磕入碗中，搅散，放入土豆丝、葱花、面粉、淀粉搅拌均匀。

③平底锅中倒植物油烧热，将搅拌好的面糊沿着锅边慢慢倒进平底锅内，等一面煎至金黄后，再翻面将另一面煎至金黄。

④将煎好的一整张土豆饼放进盘内，然后用刀切成小块即可食用。

## 操作要领

因为搅拌好的面糊十分容易粘锅，所以在面糊下锅前，要在锅里多铺一些底油。

## 营养贴士

土豆含有丰富的膳食纤维，具有一定的通便排毒作用。

**主料：** 糯米粉适量

**配料：** 芝麻、白糖、化猪油各适量

## 操作步骤

①芝麻、白糖、化猪油搅拌均匀制成馅料。

②糯米粉加水揉匀，擀成面皮，包上馅料，揉成团状。

③锅中烧水，水开后，放入汤圆煮15分钟至熟即可。

## 操作要领

用旺火沸水煮制，待汤圆浮起，立即加入冷水，保持水沸，而不翻腾。

## 营养贴士

糯米具有补中益气、健脾养胃、止虚汗的功效，对脾胃虚寒、食欲不佳、腹胀腹泻有一定的缓解作用。

视觉享受：★★★★★　味觉享受：★★★　操作难度：★★

# 一品汤圆

TIME 30分钟

菜品特点
香甜滑润
Q弹爽口

# 肥肠米粉

TIME 20分钟

菜品特点
鲜香味美
嫩滑爽口

➡ **主料：** 猪大肠 200 克，鲜米粉 500 克

➡ **配料：** 郫县豆瓣酱、猪骨汤、葱花、八角、山奈、丁香、陈皮、生姜片、葱花、川盐、红油、熟猪油、花椒粒、料酒、鸡精、味精、花椒粒各适量

 **操作步骤**

①将猪大肠内外洗净，去净油筋，投入沸水锅中焯水至断生，捞起再次洗净；米粉用清水透洗干净。

②锅内放猪骨汤、八角、山奈、丁香、陈皮、生姜片、花椒粒、葱花、肥肠煮熟，将调味料全部过滤起锅。

③把肥肠拣出改刀成片，炒锅内放上熟猪油烧热，下郫县豆瓣酱炒香，再放煮肥肠的原汤，烧沸 3 分钟后，去渣，再放料酒、川盐、鸡精、肥肠烧沸 3 分钟，盛入缸内，置于大锅中的猪骨汤的骨头上（能保温的地方）。

④骨汤烧沸后，将米粉抓入竹丝漏子里，放入滚开的汤锅内一放一提，反复 4~6 次将米粉烫熟，倒入碗中，加入肥肠（带汤）、川盐、味精等即成。

 **操作要领**

可根据个人口味加葱花、香菜等。

 **营养贴士**

肥肠十分适宜大肠病变，如痔疮、便血、脱肛者，小便频多者食用。

视觉享受：★★★★★ 味觉享受：★★★★ 操作难度：★★

# 牛肉石锅饭

TIME 20分钟

**菜品特点**
口味独特
操作方便

➡ **主料：** 大米、卤牛肉、丝瓜、西红柿各适量

➡ **配料：** 辣酱、植物油各适量

## 操作步骤

①大米淘洗干净，上蒸锅蒸熟；卤牛肉、丝瓜、西红柿切片，丝瓜用热水焯一下。

②石锅底层刷一层植物油，然后在里面装上一碗米饭，在饭上铺上牛肉、丝瓜、西红柿后放在火上加热，直到听到"滋滋"的声音，关火。

③吃的时候，放一点辣酱在菜上，将饭、酱、菜搅拌均匀即可。

## 操作要领

在石锅底部刷一层油，是为了使米饭不粘锅。

## 营养贴士

牛肉含有丰富的蛋白质，氨基酸等，比猪肉更接近人体需要，能提高机体抗病能力，对生长发育及手术后、病后调养的人在补充失血和修复组织等方面特别适宜。

➡ **主料：** 面粉200克，玉米粉150克

➡ **配料：** 阿胶蜜枣少许，白糖、黄豆粉各50克，酵母5克，山楂片2片，青丝玫瑰适量

## 操作步骤

①所有粉类和酵母、白糖一起混合，加适量水，用筷子搅拌成面糊，面糊上放少许阿胶蜜枣，盖上保鲜膜，放在温暖处发酵。

②发酵到原来的2倍大时放入蒸锅的容器中，然后盖上保鲜膜进行二次发酵。

③大火烧开蒸锅中的水，待面糊再次发酵至2倍大时，将容器移入蒸锅，蒸35分钟左右出锅，放上山楂片，撒上青丝玫瑰即可。

## 操作要领

面粉和玉米粉的比例可根据个人口感调整，只是玉米粉越多成品口感越粗糙，凉后越干硬扎实。

## 营养贴士

玉米粉具有降血压、降血脂、扩动脉硬化、预防肠癌、美容养颜、延缓衰老等多种保健功效。

视觉享受：★★★★ 味觉享受：★★★ 操作难度：★★★

# 四川千层发面糕

TIME 30分钟

**菜品特点**
松软可口
清香味美

## 酒酿汤圆

视觉享受：★★★★
味觉享受：★★★★
操作难度：★

TIME 20分钟

菜品特点
软糯可口
甜而不腻

● 主料：汤圆150克，酒酿200克
● 配料：细砂糖50克，桂花酱适量

### 操作步骤

①锅中加3碗水煮开，加入酒酿，至汤汁再次煮沸时，加入汤圆。

②煮至汤圆浮起，加细砂糖煮至砂糖熔化后熄火即成，食用时加点桂花酱即可。

### 操作要领

食用时加桂花酱是为了提味。

### 营养贴士

此汤圆具有健脾胃、促进血液循环、增强御寒能力等功效。

视觉享受：★★★★　味觉享受：★★★　操作难度：★★

# 叶儿粑

TIME 60分钟

菜品特点
色绿形美
细软爽口

➡ **主料：** 糯米粉适量

🥢 **配料：** 猪肉粒、叶儿粑叶子、碎米芽菜、植物油各适量

## 🔄 操作步骤

①锅中倒油烧至五成热，放入猪肉粒煸炒至断生，放入碎米芽菜炒匀后装在碗里待用。

②叶儿粑叶子洗净；糯米粉里加水揉成团，取适量面团在手里捏成碗状。

③放进适量馅料，将周边往里收拢，用双手搓成长筒形后用叶儿粑叶子裹上。

④全部做完后上沸水蒸锅中，用中大火蒸30分钟，取出即可。

## 🌶 操作要领

糯米黏性大，十分容易粘手，做的时候要注意。

## 👉 营养贴士

糯米的主要功能是温补脾胃，所以对中气虚、脾胃弱者有很好的补益作用。

➡ **主料：** 红薯粉丝140克

🥢 **配料：** 豆腐1块，食盐、味精、蒜、香油、白砂糖、油麦菜、陈醋、黄豆酱、辣椒红油、葱花、植物油各适量

## 🔄 操作步骤

①锅中倒入植物油烧热，放入豆腐块炸至两面金黄后捞出控油，晾凉后切成小块；油麦菜洗净焯熟；大蒜去皮，捣成蒜泥。

②用开水把红薯粉丝煮至九成熟，捞出沥水，放入香油搅拌松弛，以免粘连在一起。

③将红薯粉丝、菠菜、蒜泥倒入一个大盆中，调入陈醋、黄豆酱、食盐、白砂糖、味精、辣椒红油，搅拌均匀，撒上葱花即可。

## 🌶 操作要领

蒜泥可用压蒜器压制而成。

## 👉 营养贴士

红薯含有丰富的淀粉、维生素、纤维素等人体必需的营养成分，还含有丰富的镁、磷、钙等矿物元素和亚油酸等。

视觉享受：★★★★　味觉享受：★★★★★　操作难度：★

# 酸辣粉

TIME 15分钟

菜品特点
麻辣鲜香
酸甜不腻

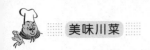

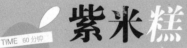
# 紫米糕

观赏享受：★★★★
味觉享受：★★★★
操作难度：★★★

TIME 60分钟

菜品特点
软糯醇香
皮润光亮

> **主料：** 紫米 600 克，江米 400 克
> **配料：** 白糖 200 克，熟莲子、葡萄干、干猕猴桃、青梅、山楂糕各 150 克，桂花 10 克，植物油 100 克

## 操作步骤

①干猕猴桃、青梅、均切成小丁；山楂糕切条。

②将紫米、江米淘洗干净，分别浸泡 30 分钟，锅内加清水，先下紫米煮至回软，再下江米同煮 5 分钟，捞出放入铺有干净的布的笼内，上锅蒸约 30 分钟，取出拌以白糖、植物油，再回锅蒸 20 分钟。

③紫米和江米蒸熟后，取出用湿布揉匀，加上桂花再揉滋润。

④揉好的米糕倒入抹过油的不锈钢盘中，上面撒上

莲子以及葡萄干、干猕猴桃丁、青梅条、山楂糕条，用物压实放入冰箱，吃时取出即可。

## 操作要领

果料可根据自己的口味替换。

## 营养贴士

紫米有补血益气、暖脾胃的功效，对于胃寒痛、消渴、夜尿频密等症有一定疗效。

## 担担*面*

视觉享受：★★★★　味觉享受：★★★★　操作难度：★

TIME 20分钟

菜品特点
卤汁酥香
咸鲜微辣

**● 主料：**圆形担担面 350 克，宜宾碎米芽菜 70 克，肉末 100 克

**● 配料：**生抽、鸡精、精盐、蒜末、辣椒油、葱花、花椒油、植物油、糖、醋、花椒各适量

### 操作步骤

①炒锅洗干净，倒植物油烧热，加入肉末炒，一直煸炒至水汽全部蒸发，肉末稍微炸干炸脆，加入一小把花椒炒香，加入适量的宜宾碎米芽菜翻炒片刻。

②炒好肉末的锅可以直接加水煮面，面煮好后捞出，控干水分放入碗里。

③将所有调味料混合均匀，调成调味汁，浇入面中，放上碎米芽菜肉末，拌匀即可。

### 操作要领

提前把花椒炒香，然后压碎放入肉末中，可以避免太麻。

### 营养贴士

此面具有温中、止泻、止痛、消食积、解毒、补血、改善血液循环、延缓衰老、抗氧化等功效。

**● 主料：**糯米 500 克
**● 配料：**白糖、食用油各适量

### 操作步骤

①糯米泡一晚上，沥干蒸熟，不要蒸稀了，不然不容易成形；把泡好的糯米上笼屉蒸。

②蒸熟的糯米用擀面棍打揣，然后包上白糖，用少许油煎至两面焦黄即可装盘。

### 操作要领

揣糯米的时候旁边放盆水，湿手糯米就不会粘手了。

### 营养贴士

糍粑里糖分高，加上本身热量高，含有碳水化合物和脂肪，能提高人体免疫力。

## 糯米糍粑

视觉享受：★★★★　味觉享受：★★★★　操作难度：★★★

TIME 60分钟

菜品特点
色泽美观
甜润清香

 炸如意卷

视觉享受：★★★★★
味觉享受：★★★★
操作难度：★★

TIME 60 分钟

菜品特点
酥香适口、
风味独特

**主料**：鸡蛋 10 个，去皮五花肉 150 克

**配料**：精盐、花椒末各 1.5 克，绍酒、芝麻油各 5 克，面粉 10 克，味精 1 克，湿淀粉 15 克，白肉汤 25 克，葱末、姜末各 5 克，熟猪油 500 克

### 操作步骤

①将鸡蛋磕在碗里，加一点精盐搅拌均匀，沿锅边均匀摊在倒油的锅里煎成一张鸡蛋皮，取出晾凉。

②将去皮五花肉剁成细泥，加葱末、姜末、花椒末、绍酒、精盐、味精、湿淀粉、芝麻油和白肉汤，搅拌成馅；将鸡蛋皮摊平，把肉馅放在离蛋皮一端约7 厘米的地方，摊成长 15 厘米、粗 2 厘米的馅条。

③把湿淀粉放入碗内，加入面粉调和，将馅包好，卷成云纹形的如意卷，然后揿成宽 3 厘米、厚 0.5

厘米的扁圆形卷，再横切成宽 1 厘米的厚片。

④将熟猪油倒入炒锅内，置于旺火烧到四五成热，下入切好的如意卷，将两面都炸成金黄色即成。

### 操作要领

摊鸡蛋皮时要注意火候，不可过大。

### 营养贴士

鸡蛋具有滋阴润燥、养心安神、养血安胎、延年益寿等功效。

# 炸奶酪球

TIME: 30分钟

菜品特点
色泽金黄
酥香香嫩

视觉享受：★★★★★
味觉享受：★★★
操作难度：★★

**主料：** 奶酪适量

**配料：** 面包糠、面粉、植物油各适量

## 操作步骤

①把奶酪切碎后用手揉成球。

②将面粉调成稍微黏稠的面糊，然后把奶酪球用面糊裹住（奶酪不露出来即可），把裹了面糊的奶酪球蘸上面包糠。

③锅中放植物油加热，转小火，放入奶酪球炸至面包糠金黄即可捞出。

## 操作要领

如果嫌捏成球太麻烦，直接切成条做奶酪条也行。

## 营养贴士

奶酪中含有钙、磷、镁、钠等人体必需的矿物质。

44

美味川菜

# 山药扁豆糕

TIME 60分钟

菜品特点
香味浓郁
质地软糯

视觉享受：★★★★
味觉享受：★★★★
操作难度：★★★

> **主料：** 新鲜山药500克，白扁豆（干）100克
> **配料：** 糯米粉150克，马蹄粉100克，糖水、红枣、植物油各适量

## 操作步骤

①山药洗净上笼蒸酥，取出去皮，研成泥状待用；白扁豆洗净放入碗中加水蒸酥，取出研末待用；取一空盘，刷一层油待用。

②把糯米粉、马蹄粉加入适量的糖水调匀，再把山药泥、扁豆末一起倒入刷过油的盘内，上面放上适量的红枣。

③用旺火蒸30分钟取出，待稍冷后切成菱形即成，可冷食也可煎食。

## 操作要领

红枣放密点也行。

## 营养贴士

该糕点有健脾胃、补气的功效，尤其适于腹胀少食、食后不化、便溏泄泻者。

160

# 怪味腰果

视觉享受：★★★★
味觉享受：★★★★
操作难度：★

TIME 20分钟

菜品特点
口味独特
营养丰富

 **主料：** 腰果 300 克

 **配料：** 红辣椒 20 克，熟白芝麻 15 克，植物油 100 克，白糖 100 克，辣椒粉 10 克，花椒粉、五香粉各 5 克，盐 3 克，味精 2 克

## 操作步骤

①红辣椒洗净，切末备用。

②腰果放温油锅中炸熟，用漏勺捞出沥油、晾凉。

③锅置火上，放油，烧至四成熟，放入腰果炸熟，熬至黏稠时，加入辣椒末、辣椒粉、花椒粉、五香粉、盐、味精搅拌均匀。

④把腰果倒入锅中，裹上调料，拌入熟白芝麻，出锅晾凉即可。

## 操作要领

给腰果裹调料时，均匀一些更美味。

## 营养贴士

腰果含有丰富的油脂，可以润肠通便、润肤美容、延缓衰老。

161

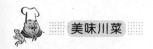

TIME 30 分钟

菜品特点
色泽美丽
甜润清香

# 四川藕丝糕

视觉享受：★★★★
味觉享受：★★★★
操作难度：★★

➡ **主料：** 鲜藕 200 克

➡ **配料：** 藕粉 200 克，鸡蛋 1 个，白糖 250 克，琼脂、芝麻油各适量，食用红色素、白矾水各少许

##  操作步骤

①将藕洗净去皮，用刀切成细丝，放入白矾水中浸泡，再放入沸水中略烫，起锅晾干。

②锅内加清水烧沸，放入白糖，下入蛋清，撇净浮沫，放入琼脂熬化，再放入适量食用红色素，熬成粉红色的糖水。

③藕粉调成稀糊状，倒入糖水中搅匀，倒入藕丝和匀，然后倒入装有芝麻油的盘内，放入冰箱冷藏。

④食用时用刀切成约 4 厘米长、2 厘米宽的小长方块即成。

## 📢 操作要领 ◀◀◀

藕粉用量不宜太少，以免无法凝固。

## 👉 营养贴士

藕具有清热凉血、通便止泻、健脾开胃、益血生肌等功效。

**TIME 数小时**

**菜品特点**
色泽洁白
细嫩凉爽

# 冰汁杏淖

视觉享受：★★★★
味觉享受：★★★★★
操作难度：★★★

**主料：**甜杏仁30克

**配料：**白糖500克，鸡蛋1个，冻粉适量，牛奶少许

## 操作步骤

①将甜杏仁用温水泡后去皮，加水少许磨成浆，用纱布滤去渣留汁。

②冻粉浸泡10小时，放入沸水锅内熬化，放入白糖300克，再放入杏汁、牛奶，熬至能滴珠呈稠状时，装入小口杯内，凉后放入冰箱冷冻。

③另用锅加水烧沸，加入200克白糖烧沸，将蛋清倒入糖水，用勺搅动均匀，打去泡沫，然后放入冰箱冷冻。

④冻好的杏冻稍松动，把冻好的糖水从碗边轻轻地倒入，使杏淖浮起即成。

## 操作要领

杏仁磨得越细越好，熬汁不宜太稀。

## 营养贴士

杏仁主治咳嗽、喘促胸满、喉痹咽痛、肠燥便秘、虫毒疮疡等症。

# 宋嫂面

TIME 30分钟

菜品特点
色泽洁白
细嫩浓鲜

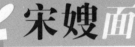 **主料：** 手工细面条 200 克

 **配料：** 猪肉 50 克，冬笋 75 克，鲜鲤鱼肉 200 克，鸡蛋清 30 克，湿淀粉 25 克，葱、虾仁各 50 克，生姜 10 克，料酒 20 克，醋 15 克，鲜汤 500 克，豆瓣酱 50 克，酱油 30 克，花椒油 25 克，油脂 50 克，熟猪油 500 克，干淀粉 25 克，鳝鱼骨 250 克，红辣椒油适量，精盐、味精、胡椒粉各少许

 **操作步骤**

①将鲜鲤鱼肉切成指甲大小的块状，放于容器中，加适量精盐、料酒、鸡蛋清、干淀粉及冷水调拌均匀；将豆瓣酱剁细；猪肉切丁；冬笋切成小块；虾仁横切两半；葱切成葱花。

②将熟猪油烧至六成热，放入鱼块，微炸倒入漏勺内沥去余油。

③将油脂烧热，放入豆瓣酱煸出红油，倒入鲜汤烧沸，捞出豆瓣渣，放入鳝鱼骨、葱花、生姜，煮出香味后，将各种原料捞出。

④再加入虾仁、冬笋、猪肉稍煮，加入精盐、鱼块、

醋，用湿淀粉勾芡，最后加入花椒油制成臊子。

⑤将酱油、胡椒粉、熟猪油、红辣椒油、味精放入碗中，水沸后放入面条，煮熟后捞入碗内，浇上臊子，撒上葱花即可。

**操作要领**

煮面条的水要宽，不要煮过，以柔韧滑爽为宜。

**营养贴士**

鲤鱼的脂肪多为不饱和脂肪酸，能很好地降低胆固醇，可以防治动脉硬化、冠心病，因此，多吃鲤鱼可以健康长寿。

# 黄果冻

TIME 20分钟

视觉享受：★★★★
味觉享受：★★★★
操作难度：★★

装品特点
形色美丽
甜嫩爽口

➡ **主料：** 橘瓣 20 瓣，冻粉 8 克
👉 **配料：** 鸡蛋清 30 克，白糖 200 克

## 🔄 操作步骤

①将冻粉洗净，浸泡 10 小时，放入适量清水，入笼蒸化。

②白糖 200 克加入清水 750 克烧沸，倒入蛋清，用勺搅匀，撇去泡沫，制成糖水，放入冰箱中冷藏。

③将少许糖水加入蒸化的冻粉内，然后将稀释的冻粉分别装入酒杯内，放上橘瓣，制成黄果冻坯，放入冰箱冷藏。

④冷藏好的果冻扣入盘内，再淋上冰凉了的糖水即成。

## 🔷 操作要领

蒸化的冻粉加糖水量的多少，以滴一滴在拇指甲盖上很快黏住不流为准。

## 👉 营养贴士

鸡蛋可补肺养血、滋阴润燥，用于气血不足、热病烦渴、胎动不安等。

# 川北凉粉

视觉享受：★★★★★
味觉享受：★★★★★
操作难度：★★

TIME 10分钟

美品特点
细嫩清爽
香辣味浓

 **主料：** 凉粉 200 克

**配料：** 黑豆豉 50 克，豆瓣酱 50 克，菜油 50 克，白糖 10 克，鸡精 3 克，香油 5 克，食盐 5 克，醋 30 克，生抽 20 克，花生碎、蒜泥各少许

### 🔄 操作步骤

①凉粉洗净，切成中等大小的块，摆放在盘子中。
②锅烧热放菜油，将豆瓣酱、黑豆豉放入锅中炒香，加入白糖、鸡精调味，盛出晾凉，随后加入醋、食盐、生抽、香油、蒜泥、花生碎拌匀，作为凉粉调料。
③将做好的调料浇在在凉粉上即可食用。

 ### 操作要领

在制作时，也可根据个人口味，选择加入青菜、黄瓜或者香菜等，营养更全面。

 ### 营养贴士

夏季吃凉粉消暑解渴；冬季吃凉粉加入辣椒可祛寒。